天地风景与人间风情

庄 荣 著

江苏人民出版社

图书在版编目（CIP）数据

天地风景与人间风情 / 庄荣著 . -- 南京 : 江苏人民出版社 , 2022.4
ISBN 978-7-214-26973-7

Ⅰ . ①天… Ⅱ . ①庄… Ⅲ . ①城市规划－建筑设计－文集 Ⅳ . ① TU984-53

中国版本图书馆 CIP 数据核字 (2022) 第 017511 号

书　　名 天地风景与人间风情
著　　者 庄 荣
项目策划 凤凰空间／杨 琦
责任编辑 刘 焱 赵 婕
特约编辑 杨 琦
出版发行 江苏人民出版社
出版社地址 南京市湖南路1号A楼，邮编：210009
总 经 销 天津凤凰空间文化传媒有限公司
总经销网址 http://www.ifengspace.cn
印　　刷 北京建宏印刷有限公司
开　　本 880 mm×1 230 mm 1/32
印　　张 5.25
版　　次 2022年4月第1版 2022年4月第1次印刷
标准书号 ISBN 978-7-214-26973-7
定　　价 69.80元

前言

景观与三观

人生观：知行合一

2015年，笔者的《写在园林边上》出版，从“稚拙诗意”“风景感知”“文思规划”“书影天下”几个版块，表达了对风景园林专业的文学理解，也明确了系列写作计划。拟定的专业三部曲包括《写在园林边上》之后，撰写《天地风景与人间风情》与《我的景观十书》。《我的景观十书》解读我的专业观：天地赐我以风景，是致广大，我还人间以园林，是尽精微，分上下两部：上部“新视野”，涵盖“生态战略”“文化传承”“大地风景”“水清木华”“田园牧歌”；下部“新领域”，涵盖“绿地系统”“景观风貌”“公园广场”“博览盛会”“绿道步道”。这本《天地风景与人间风情》根据风景名胜区资源评价的内容，并以此分类，搜集了近年来游走观望的风景和风情，力图与《我的景观十书》互相观照，知行合一。

王澍在《造房子》自序里明确地说：“我一向认为我首先是个文人，碰巧会做建筑，学了做建筑这一行，从这样的一个角度出发，我看问题的视野就不太一样。”笔者也一直标榜有点人文情怀，但没有他这样的自信，虽然一直涂涂抹抹一些文字，但随笔、杂感较多。

在专业实践过程中，愈加感觉风景园林专业的时代使命越来越庞杂，需要学习的内容越来越多。为了避免看问题视野狭隘，所以尽可能不断吸收知识，先解自己的惑。孔子云：四十而不惑，五十而知天命。近知天命之年，我定义自己的人生上半场是知行立功，在专业上有所建树，下半场是立德立言，也述也作。《中庸》有云：故君子尊德性而道问学，致广大而尽精微。一直觉得这句话极高明而道中庸，是对自己人生观的最好写照。

世界观：大变局

2016年《写在园林边上》付梓，启动《我的景观十书》与《天地风景与人间风情》，一边总结项目，一边计划出游，顺便管窥世界。2016年是个很特别的年份，这一年的开局，中国以更宏大的气魄，推进布局一带一路，但是这一年的结尾，从华北席卷到华南的大范围雾霾天气也成为人们热议的话题。2018年因为准备儿子高考，重温风景园林专业分类与职业框架，一方面优化《我的景观十书》，一方面带儿子游历澳大利亚，感受这个独立的大陆与其他板块的生态亲缘与特立独行。2019年6月全家游历北欧，一方面感受北欧四国独特的风土人情与近北极圈的地貌景观，一方面感受气候变暖下欧洲的社会与政治变化。

当下我们正面临百年大变局，需要全球构建命运共同体应对我们共同的危机，包括气候变化引发的系列多米诺骨牌效应以及清洁饮用水短缺、生物多样性锐减等。新冠肺炎疫情期间笔者闭门读书，一方面，根据专业分类重启系列专业阅读，包括城市规划、建筑、交通、市政、林业、水务、旅游等，一方面重温包括《易经》《山海经》《黄帝内经》等经典。孔子云：五十而读《易》，可以无大过，信之。写本书时在深圳图书馆的南书房沉浸几个月，面对典籍重重，心生谦卑。

价值观：美趣智

《风景名胜区分类标准》（CJJ/T 121-2008）将风景名胜区分为历史圣地类、山岳类、岩洞类、江河类、湖泊类、海滨海岛类、特殊地貌类、城市风景类、生物景观类、壁画石窟类、纪念地类、陵寝类、民俗风情类及其他类共十四类，大地风景都在其中。江山多娇，引文人骚客吟诵，无数英雄竞折腰。中华五千年文明，其间多少悲欢离合，世界这么大，择其美者而观之。人间这么短，择其趣者而从之。天地万物，和而不同，美美与共，需要智慧谋划。

《风景名胜区总体规划标准》（GB/T 50298-2018）将风景名胜资源分为自然景源和人文景源两大类，因此本书也分为上下两部分，上部“自然”根据自然景源的分类，分为天景、地景、水景、生景，下部“人文”根据人文景源分为园景、筑景、城与国、人间风情。

《风景名胜区总体规划标准》还设定了专业评价指标层次，从景源价值、环境水平、利用条件、规模范围四个层级分别就评价内容赋值：景源价值包括美学、科学、文化、保健、游憩，环境水平包括生态特征、保护状态、环境质量、监护管理，利用条件包括交通通信、食宿接待、客源市场、运营管理，规模范围包括面积、体量、空间、容量。这是职业手段和相对科学的定性结合定量的方法，回归自己的文学初心，书中只选过去几年来的一些见闻随笔，符合自己定义的美、趣、智。

木心解读欧阳修的那句“书有未曾经我读，事无不可对人言”为“书多未曾经我读，事少可以对人言”，他又说：“文学是对文学家这个人的一番终身教育”，深得我心。

文章是大地的风景，风景是大地的文章。回到笔者前述的专业三部曲，如果说《写在园林边上》类似于引子，回溯了专业的初心，解决了“我是谁”的问题，《我的景观十书》是一个大纲，解决了“我能做什么”的问题，那么《天地风景与人间风情》则类似于基础资料汇编和资源评价，解决了“我知道什么”的问题，顺便树立自己的三观。人生天地间，不负时光，不负自己，能为个体和群体的生存与发展贡献一点绵薄之力，足矣。

这本小书，采集一些原料，加入了一些属于自己的价值观，你若也醉其中，我们一起干杯。

目录

天景

日月星辰记

写点题外话

2019 年 4 月，比利时布鲁塞尔、智利圣地亚哥、中国上海和台北、日本东京、美国华盛顿六地同步召开全球新闻发布会，发布最新的成果——黑洞照片，引发对宇宙探秘的热潮，也让我回忆起关注飞碟探索的时代。回顾多年前那位推演出黑洞存在的科学家爱因斯坦，他观星辰的角度，已经不是我等凡人能望其项背，探秘天体运行永无止境，面对浩渺无垠的宇宙，科学家探讨时间规律与空间法则，作为一名风景园林从业人员，一名文字记录者，我力所能及地，用感性的描绘与理性的评价，用一些文字的皮毛，刻画我的生命里那些有精神有骨血的天地风景。

天地玄黄与星宿列张

“天地玄黄，宇宙洪荒。日月盈昃，辰宿列张。”

——【南北朝】周兴嗣《千字文》

在现代天文学的概念里，太阳、地球、月亮都隶属太阳系，分别是恒星、行星、卫星，太阳系是银河系若干恒星系之一，银河系之外，只能用“天外有天”形容。宇宙浩渺无边，充满未知未解的奥秘。康德将仰望星空与低头思索道德列为最有价值的两件事，与中国《易经》所言“仰以观于天文，俯以察于地理”有异曲同工之妙。《风景名胜区总体规划标准》（GB/T 50298-2018）提及的风景资源评价，分为自然景源与人文景源两大类。自然景源分为天景、地景、水景、生景四类，天象景观又有如下分类：日月星光、虹霞蜃景、风雨阴晴、气候景象、自然声象、云雾景观、冰雪霜露、其他天景。

从景观构成而言，日月星辰虽是一类物体，风貌和景观感知却各异。万物生长靠太阳，日月交替出现，昼夜循环往复，阴阳相对而生，世人朴素的时间概念、空间感知，以及与之的生命关联，无不从对日月的观察开始。壮美的天象与变化无穷的光阴，吸引人类从感性到理性探索宇宙奥秘，生生不息繁衍着生命，在有限的生命里感知无限的永恒，“是故知幽明之故”。

天地赐我以风景，从太阳开始。

日出日落

生平见过最壮丽的日出在黄山。2000 年元旦前几日，好友赠票，我和黄先生一路到苏州、南京游玩了一圈，最后的行程是黄山。到达黄山时是下午，我们努力爬了四个小时的山，入住狮子林大酒店。当晚纷纷扬扬下起了雪，早晨天气放晴，在白雪皑皑的银装素裹里快步走到猴子观海景区。近处峰岭起伏，远处云海茫茫，云海远端浸润着一抹红色。那一次的日出，让我生出不少感慨，星际运转，太阳这颗人类从不吝赞美的恒星，能量的源泉与生命的起源都与之关联，偏偏最基本的感知却来自这无与伦比的美。光影的投射，云霞的反射，七彩虹霓交错在无垠的空间里，即使没有人类加以描绘，抑或是后续没有以先进的摄影手段予以保存，这些寂寞的宇宙之光，仍会如常演变。

最炫美的日落在乘坐越南游轮时的海上。2017 年，我们全家乘坐游轮出海到越南旅游，到了南中国海上，黄昏的大海铅灰一片，天空的云层也厚如棉絮，船尾在海上划出的波涛与天上的云层奇异地相似，太阳就在云层里渐渐淡出，直到天色黑如浓墨。这艘游轮似乎独行于海上，汪洋中独自吞吐孤寂。早晨，我和母亲再到甲板上等待日出，风大浪大，太阳如约相见。海上见日出，比平时更有种纯粹无边的气韵流动，空阔辽远的水面，很快消逝的轮船的痕迹，目之所及，胸襟会比平日开阔，思绪也会比平日放空，铺陈一些漫无边际的随想。

月盈月亏

月是太阴，在科学知识尚未普及的岁月，被哲学与文学武装的诗人们已经竞相留下若干描绘月的诗词，我最喜欢这句“千江有水千江月，万里无云万里天”。太阴在自己掌管宇宙的时段，在有无之间，光影之间，山水之间，将天地晦暗时刻的风景，描绘得纤毫毕露。

这毕竟是玄想中太阴的意向，在人间质朴的生活里，中秋时节，秋收事毕，一家人聚于月光下，渐渐演变成吃月饼、庆团圆的习俗，天人之间的互动渐渐成为常态。

1989 年 9 月，我到南京林业大学报到，生平第一次在外与舍友度过中秋，还没有对南京的月饼培养起感情，对比之下，原来老家的叉烧月饼是如此美味。中秋那天，相约到玄武湖玩，淅淅沥沥下了雨，到药物园转了一圈就回来了。年轻时没那么多家园感知，中秋就是日历上需要被标记的假期之一，后来年岁渐长，中秋就一定要和家人一起过，年年都带着野餐布到深圳湾畔的滨海休闲带野餐赏月，望天望地望海，天涯共此时。

照例有一些小节目，包括与儿子对含“月”的诗词，2017 年 10 月 4 日的中秋，从深圳湾归来后微雨，在阳台与儿子对完诗词，之后回屋整理相册，学东坡《定风波》词意，记半生江山友人：

冰轮穿梭伴浮云，何妨吟唱且徐行。诗词歌赋皆有月，谁断？缤纷感怀同古今。

终觉秋凉风渐冷，微雨，阳台潇潇叶有声。回望八千云与月，随缘，也有江山也有情。

星光灿烂

如果时光能回溯，定格到1985年初夏，再锁定空间，从宏观的银河星系—太阳系—地球—亚欧板块，再放大到云贵高原南部一个平凡的小县城的主干道，贵州省独山县民族中学初二2班下了晚自习的一群女生们在街道上闲聊遐想，并仰望星空。那是个充满理想主义与科学理性的时代，中国刚开眼看世界，窥见灿若星河的人类文明之光，尊重科学，看重文学，鼓励实践。那群女生刚看完《飞碟探索》，震惊于我们所看到的星光可能是若干年前穿越过若干光年的距离才抵达我们的视野中，在争论是否有外星人的话题里初次感受到生命短暂，人类渺小。我正好也在那群女生里，停下来看满天星斗，对同学们说了一些我至今仍不认为幼稚的话。

2013年11月从北美飞香港，在3万米高空的国际航班上看完根据池莉小说改编的《万箭穿心》。电影的结尾，很凑巧地用高空鸟瞰的视角，观看那名武汉普通女工的一生。看完电影透过飞机舷窗向外看，不期然遭遇生平奇景。看到若干明亮的星星，似乎与我同行，星光明亮如宇宙初生。我目瞪口呆，回望1985年的学生时代，似乎是刹那间窥视到宇宙的恒久秘密。

在这个高速发展的时代，人工智能的发端被认为是第三次工业革命的伊始，越来越多的城市星空被光污染遮挡，日出日落被高楼天际线隔断，天与地割裂，情与景割裂。

2019年，是我们高中毕业30周年，在发布黑洞照片的那一刻，有多少少年时代的朋友会回想起一起仰望星空的旧时光。我们最终没有多少人会一生同行，但是始终坚信有一些人，还是习惯偶尔抬头仰望星空，细思心中明灯。

我有嘉宾，鼓瑟吹笙。我无嘉宾，多事观星。

春夏秋冬记

一年之计在于春

读过若干歌颂春天的诗文，似乎还没有好好写过春天。

我先后在黔南的独山、都匀，江南的南京、无锡，岭南的珠海、深圳等地度过春天，也在春天里走马观花地看过日本的樱花、荷兰的郁金香，游过光影斑驳的巴黎塞纳河，看过瑞士阿尔卑斯山下浓翠的春草，赞过茵特拉根湖畔别墅旁盛开的鲜花，惊叹过爱尔兰莫赫悬崖边的大西洋海潮，算是见识过不同纬度、不同海拔、不同大陆，以及城乡之间、海陆之间的春天。关于春天的流水账，还是要说一年之计在于春。

黔南春与江南春

家在黔南，小学时对春天最强烈的念想，就是春游，老师挑选出阳光明媚的日子，我们也充满期待地带上家长准备的春游食物，兴致勃勃地穿行在贵州的山水间。日常的视野里，群山静默，色彩深沉，只有在春游的时刻，才能近距离地感知那些春意盎然的细节，比如丛丛簇簇的映山红和远处乡村人家围墙里探出的一树桃花。那时候春游的乐趣，景色是次要的，大汗淋漓的行军，益智的户外游戏，埋锅造饭的体验，才是成年之后再也没有体会到的欢乐。

因为曾在古典诗词里领教过江南的美景，真正到南京读书时，曾经骑车在南京城大街小巷乱逛，一边遗憾古典美已经渐行渐远，一边也努力寻找感动自己的春天。园林专业要到风景名胜区、古典园林、城市公园等地实习，带着任务去看，原生的感性与认知的理性四六开，再没有少年时的单纯，但是与冬日的暗淡相比，江南明媚的春光分外强烈。在这明媚的日光下，白玉兰粉雕玉砌，樱花如云如雾，南京梅花山上的梅花灿若云霞。1991年到无锡鼋头渚春游，太湖烟波浩渺，但是始终有种浑浊的烟火气。南京林业大学图书馆到主楼之间的樱花，一直是南京人的春天打卡地，此外，校园改造后滨水绿地上种满二月兰，人文小清新的环境特征也比较明显。真正让我在春天里感受到强烈的场所精神的，是某年在明孝陵残破的高墙内，破旧的石板阶旁，一树樱花寂寞而热烈地绽放。那种穿透岁月的沧桑，无与伦比，江湖夜雨十年灯，桃花依旧笑春风。

岭南春

春天的气息来得最早、最浓郁的是珠海、深圳等南方城市的花市，岭南四季不分明，一入花市便是满眼春天。除夕前几天的日子，天气晴暖，花市里满坑满谷的鲜花、盆花、切花、插花、干花，姹紫嫣红，争奇斗艳。徜徉其间，人间有味不是清欢，是浓烈，是热情，是世俗里奔流到海不复回的执念。在南方已经居住近二十年，似乎每年春节不到花市走一走，都不算感知到春天。

山海间的一腔春水

暮春时节，游览爱尔兰莫赫悬崖。莫赫悬崖是地壳变动形成的断崖，抵达断崖之前，一路起伏的高地形成温柔的玲珑曲线，若干不知名的小花悄悄绽放，田野间犹如披上翠绿的花衣。行车经过若干古典城堡，脑海里不由得冒出几部汤姆·摩尔导演的动画片《海洋之歌》《凯尔经的秘密》等的画面。绘画风格精致无比，线条细密地勾画丛林、群山、城堡，以及稀奇古怪的各种精灵，呈现一种丰盈饱满、姿态清奇的独特文化气质，和一路的景色交相辉映。

到了悬崖边，虽然已至暮春，高地的翠绿春装依旧，蓦然出现的辽阔的大西洋，阳光下似乎也浸染了浪漫无边的春色，完全就是春水满盈天地间。悬崖交错着铺排过去，一望无际，地质地貌或许与大洋洲的十二门徒石类似，但悬崖下方的大西洋海潮似乎包含温柔的情怀，春潮微微荡漾，完全不似澳大利亚十二门徒旁的惊涛骇浪，飞沙走石，惊起千堆雪。

他乡最古典的春天

最强烈地感受到春天里山水诗画意境的地方，居然是瑞士。那天离开茵特拉根湖畔，往阿尔卑斯山进发，一路微雨，路旁山林水汽弥漫，远望如淡雅的水墨画，近处层林间隐约的新绿，点染在丛丛簇簇淡褐色的枝干上，倪云林和范宽的画意陆续掠过心头。然后穿行在阿尔卑斯群山间，雨后初霁，阳光透过层层白云，洒到碧绿的草地上，或明或暗，将草地点染得五色缤纷，我的脑海中除了“阔云天青草地，谁染霜林层醉碧，都因山抹微雨”“我见春山多妩媚”，其他词穷。可见在尚未被现代化侵蚀的区域，人们对美景的感知是互通的。

春光好，
城景处处新。
日出山海水微波，
花开乡野几多情。
能不惜光阴。

夏日云彩

与贵州清凉的夏天不同，深圳漫长的夏天伴随的是湿热的体感和突变的云雨，但是这里的云霞是最好的福利。

这几年，深圳的空气质量不断优化，最明显的表现是夏季的云霞越来越吸引我的眼球。

天气晴热，从清晨就拉开好天气的大幕，树上的绿叶们似乎洗了个日光浴，精神抖擞，色彩饱和度特别高，看上去十分爽利。

晴热天最好的时刻是黄昏，天空简直成了上帝任性的画布。百变云彩依次出现，很有 3D 即视感，团团簇簇堆砌在城市上空，也有丝丝缕缕妖娆不绝，借助夕照的光影，旖旎多姿，气象万千。

天象异常的前夕，比如台风前，或是酷热来临前的黄昏，天地意气用事，山、海、城都被感染，高空里的流云气势磅礴，恢宏天地间的情绪渗透到每一个细小角落，人的情绪自然也被带动，很难再生出小我的傲娇。

日积月累，对比各地天色，不由对深圳心生爱意。

贵州的夏日，高天里飘着流云，晚霞也是艳丽，云彩与千山万山融为一体，更显岁月静好。相对而言，深圳的风与云在海天变幻的背景下更加壮阔多姿。在南京，酡红色的夕照细腻的质感结合古都的风情，是记忆里无限惆怅的江南感怀，如秋冬冷凉，似乎仍能感受透骨的湿寒。深圳的风云则是驱逐湿寒的利器，长驱直入，不留一丝惆怅。在北京的地坛公园古道上感受过早春寒冷的黄昏，巨大的红日在古道尽头落下，千年以前的岁月，似乎被剪辑到当下。深圳的夏日，如同恣意挥霍的青春，灿烂而蓬勃。

虽抱怨过深圳潮湿的天气，但在夏日，潮气似乎被烈日驱逐，蒸腾到城市上空，云彩妖娆万千，夜晚的温度和潮湿，也在海风吹袭下变得没有那么难熬。以前一到夏天，就惦记着回贵州避暑，现在似乎也没这么急着逃避。

世界越来越热，然而南方这个海滨城市的天气却越来越宜人。

恋恋不舍之处，有春日的繁花和夏日的流云。

秋愁

我人生近半百的岁月中，在气候温和的岭南已经旅居二十余年，曾生活过的四季分明的地方，只有独山和南京。独山的秋天不明显，黄叶也是稀缺，山色依旧青灰。凉爽的长夏之后是立秋，家中老人一再提醒要注意“秋老虎”的厉害。中秋节过后，一场秋雨一阵凉，很快就是冷雨霏霏的季节，寒流一来，铅云密布，如果毛毛雨细细密密下个不停，屋檐下的冰挂慢慢见长，那就是冬天来了。

对诗词里的秋色感悟最深的，还是在南京的四年，毕竟南京的栖霞山是赏秋叶的理想场所。晴好的天色下，红红黄黄的色彩如同上帝打翻了调色盘，这时候是绘画写生的最好季节，各种明黄、土黄、橙黄都可以任性涂抹。11 月下旬，霜降后，通往南京林业大学树木园马褂木园的路上，枫香的黄叶绚烂，杨树的树干苍劲斑驳，泥土道的两边都是各色落叶，能充分感受到如俄罗斯著名风景画家列维坦笔下的秋天般的画意。2015 年 10 月初到哈尔滨出差，一路行进在黑土地上，深秋的东北大地广袤而辽阔，收割后的田野散发着丰收的气息，远远飘来一些燃烧秸秆后的烟火味，灰蓝色天空中飘荡着悠然的白云，层层列列的白桦树顶着浓淡相宜的黄色，从近而远，构成风景画的各种背景色带。那一刹那，真切感受到那些风景画家对秋天的爱意不是没有道理的。

相比画家对秋天的热爱，中国诗人们关于秋天的关键词都与“愁”关联。纳兰词的秋意最凉：谁念西风独自凉？萧萧黄叶闭疏窗，沉思往事立残阳。这个词义，在南京感同身受。有一年的秋天，独自骑车到中山陵赏秋，黄昏时经过中山门，明城墙外残阳似血，近处的中山大道两旁落叶萧萧，六朝古都的尘封往事，终化成久远历史中的一声叹息。

冬日冰雪

有“电影诗人”之称的大卫·李恩 1965 年拍摄的《日瓦戈医生》，用音乐与画面完美再现诺贝尔文学奖原著的精髓，电影开篇与结尾的雪原，以及医生在旅途中被壮丽的雪景感动得心潮澎湃、奋笔疾书的场景，至今令我印象深刻。俄罗斯大地荒凉开阔的冬景，承载着俄罗斯民族骨子里那种雄奇伟岸的文学底气，晶莹剔透的冰雪世界，保存着一些童话般的纯真。如今我在一个发出高温黄色预警的端午节假期，默默地回忆着那些年感动过我的雪景，以及度过的一些严寒岁月。

冰雪记忆：

木心说，我是一个在黑暗中大雪纷飞的人呐。这句话特别触动我。少年时在一个傍晚出门，天色阴沉，天地将冷意收缩在一起，入夜之后缓释出来。少年的我在路灯下静立良久，看着雪花在光影里纷纷而下，默然、寂静、欢喜。

更多的时候是下毛毛雨，气温低，雨凝冻成冰柱，屋檐下白花花一排，冻得最狠的时候，地面都是冰。有一年，外婆不知道用什么法子，将冰柱搜集起来，在大盆上雕了一只美丽的梅花鹿头，还用树枝当鹿角，晶莹剔透，令人印象深刻。小学时有同学拎着火笼上学，企鹅一样地走，也避免不了摔倒，撒了一路的灰和炭末。

对雪的向往来自动画片《雪孩子》。片中妈妈给兔宝宝堆了个雪人，雪人在雪花里唱着童谣和兔宝宝玩耍,兔宝宝玩累了睡觉,房屋着火了，雪人冲进去救了它，然后化成了白云在天上飘。至今仍然记得那首旋律优美的歌，朱逢博演唱，美情、美景、美声、美色，还有最美的雪的童话。

江南雪：

南京瞻园、玄武湖和中山陵、总统府都是赏雪的佳处。瞻园的蜡梅、玄武湖的水面、中山陵的青松、总统府的民国建筑的雪景都埋入了记忆深处。我在大雪纷飞的时候去观赏过南京林业大学的竹类园，人迹罕至，雪景似乎都有些无聊。

大三时，南京遭遇寒流，连续下了两三天大雪。雪稍化后，寒流又来，夜半冻了地面，雪继续下，不知雪下有冰，骑车出门看金陵，摔个跟头，也不疼。

画水彩时总喜欢临摹雪景，每每对西湖雪景心向往之，遥想张岱在湖心亭的白描：惟长堤一痕、湖心亭一点、与余舟一芥，舟中人两三粒而已。

诗意冰雪：

雪落在中国的大地上，也落在诗人们的词句里，共享着千年的时间、万里的空间。

柳宗元的渔翁独钓，画面感最强，寒江雪冷到今天。

白居易在天欲雪的黄昏，准备好红泥小火炉和新酿的酒，邀请了客人刘十九，穿越千年的温馨，醉倒不少读者。

一夜东风带来的雪，是岑参眼里的苦寒边塞，盛开了千树万树的梨花。

辛弃疾在雪后园林里寂寞地感慨家国何在，被金庸笔下的黄蓉唱出来，迷倒了郭靖，那句词中的梅花与蓉儿一起倚东风，一笑嫣然，转盼万花羞落。

雪落在艾青的诗歌里，封锁着他1937年的诗句，严寒中的茫茫众生如浮雕，感同身受。

回到1936年的延安，毛主席看雪后红日分外妖娆，豪气勃发，数风流人物，还看今朝。

样板戏时期的《林海雪原》，京胡的激昂音乐里，杨子荣们穿梭而出。

雪花被诗人在失望的灰烬里，用来写下相信未来的字句。

岁寒：

小时候过冬，汪曾祺先生的美文特别贴切：冬天，家人闲坐，灯火可亲。外面寒风呼号，一家人围着火炉，用餐时直接架火锅，烧骨头汤后煮肉丸子，青菜蘸水，晚上围坐或看书，或做针线活，炉上烧的水咕嘟冒泡，安静而踏实，岁月静好。但是贵州冬日湿冷的气候带来的烦恼是冻疮，包括在南京读书的四年，暴露在外的手被冻得麻木，冻疮年年要来打招呼的。从寒冷的户外进入温暖的室内，血液循环不畅，之后手脚红肿，又痒又痛。在南京读书时还要画图，冬天时哆嗦着趴在图板上哒哒哒地给草地打点，手冻得几乎捏不住笔，是不少同学的回忆吧。刚到珠海工作，发现居然有冬天不长冻疮的福利，兴奋了好久。

久居华南，湿热郁燥的时候多，渐渐怀念冬日那种似乎能洗心洗肺的清寒，头脑分外清醒。我对环境敏感，到了江南、黔南等地，似乎诗情画意萦怀的时候要更多。有一年回家过冬，车过湖南，窗外天色灰茫，渐渐地看到飘扬的雪花，没多久，地上悠悠半白，激动得不能自已，近乡情怯，想到很多往事。

岁寒，新陈代谢的节奏似乎也会慢一些。“岁寒三友”松、竹、梅，它们为了应对环境而进化出来的生命特征，被文人赞颂，成为不计其数的诗画篇章主题。

真正美好的冰雪世界中，某些珍贵的初心也被保存，等着渐行渐远的时光里，一次次回眸。

台风记

那些年遭遇过的台风

2018年，号称最强台风的“山竹”掠过深圳，我闭关在家两日，想到2017年在珠海遭遇“天鸽”，2016年刚从厦门回来没多久“莫兰蒂”就登陆了，不由得回忆了一下那些年遭遇过的台风。回想起来，可以从1993年登陆珠海的台风开始。

台湾作家张晓风有篇散文，大意是问自己的女儿印象最深的时刻，结果女儿说是台风来临的时候，因为停电时她穿着长袍捧着蜡烛走来走去，妈妈夸她像小天使，想起来仍然温馨满怀。台风带来的停电、停水、停课、停工，确实给平凡的生活乱一点节奏，增一些异彩。台风来之前，等风来派生出很多搞笑段子，风过后还有很多自娱自乐的话题。“山竹”过后的周一上班路上，来不及清理的残枝挡道，若干人辛苦穿越攀援，莫名喜感。

作为一个山里人，我1993年初到珠海第一次听说台风的时候，兴奋满满，恨不得打车到情侣路看浪，结果当日出租车死活不见踪影，只好作罢。2003年台风“杜鹃”在深圳东部登陆，不少“驴友”兴致勃勃地组织前往围观，在他们身上，似乎看到当年的我。

台风到底是灾难，1993年，第16号、17号连续两个强台风登陆珠海，第二个台风登陆的时候，在园林所四楼宿舍，眼见阳台后的那面有了缝隙的墙被吹得摇晃，缝隙增大，吓得魂不附体，所有的浪漫统统消失，赶紧叫同事帮忙拿个粗杠子顶上，以防夜半坍塌，遭遇不测。也是那次台风时，楼下梁会计开的小店遇险，黄先生奋不顾身地帮忙，倒是给他增加了不少印象分。

2017年到珠海开会，遭遇台风“天鸽”正面登陆，位于横琴的华发行政公寓酒店大堂的玻璃被吹破，为了住客安全，在酒店入住的客人全部被疏散到地下。生平第一次当了灾民，与会的专家还是努力把会议行程进行完，完事之后大家相视一笑：也算是患难与共了。

2018 年，“山竹”掠过深圳前夕，我正参加一个学术论坛，在台上侃侃而谈的专家们散了会，要赶回港澳，以防各种交通工具停摆，那天黄昏的天色异常艳丽。粤港澳大湾区如今成为国家战略规划区，从台风的共同记忆而言，以后大湾区各城市的防灾避险就是真正意义的风雨同舟。

风云冷暖

大自然翻手为云，覆手为雨，不同天气元素的剂量调出不同的表情，不同的伤害。在故乡贵州，有“天无三日晴”的说法，云气上升到云贵高原，凝结不散，又没有顺畅的季风，于是经常阴云蔽日。夏日偶尔有阵雨，春秋之际阳光从薄薄的云层透出，便是山里的小清新天气。冬日会有霜冻，如果连续遭遇低温，大范围的霜冻也会成为灾害，比如 2008 年南方地区大范围发生的冰灾。

在南京读大学期间，感受到江南的梅雨季，也是长江中下游特有的云雨胶着状态下的气候，鲜少狂风雷暴，雨绵绵地下得阴凉，斜风细雨自然生出很多诗意。一旦降雨持续，低海拔区域发生水灾的概率很高，如 1991 年的华东水灾。

台风的到来大都会伴随暴雨，雨云被狂风裹挟至登陆点，发泄般倾泻而下。印象最深的是有一年在珠海，连续十几天的降雨导致海水倒灌，出现了咸潮，自来水供应也因此受到影响，还记得珠海好友邹琳抱怨这个南方多雨的城市居然闹水荒的表情。

在台湾，热带气旋最容易带来瓢泼大雨。台湾多山地，台风过后暴雨紧跟，从而易导致道路坍塌、水土流失、山地滑坡等灾害，这让台湾成为自然灾害最多发的地区之一。2018 年“山竹”登陆过后，深圳举办海峡两岸水土保持学术研讨会。研讨会上，有关专家提及《2015—2030 年仙台减轻灾害风险框架》，让人开了眼界，台湾专家谈及水土保持的经验，其敬业精神也让人印象深刻。

冷暖气流之间的角力和媾合，决定了气候带的形成与植被的分布，进而影响了山川大地与人类聚居、繁衍。人生世间，最初只是希求获得防风避雨的场所，渐渐聚居形成社会，形成文化，乃至文明。中国人追求天地人的和谐，祈求风调雨顺、五谷丰登。竺可桢先生有几篇论文论及文明发展与天气的关系，历史上的小冰河极寒时期是人类文明发展的迟缓期，对比中国、欧洲的历史，会发现惊人的吻合。中国历史上最繁荣的两个时期——汉朝与唐朝，也是气温明显偏高的两个温暖期，万物繁荣生长，农耕文明得以蓬勃发展。历史上的几个小冰河时期也同样与战乱、动荡相关联，例如三国末年、南宋、明末，地球气温大幅度下降，粮食大量减产，由此引发社会剧烈动荡，人口锐减。19 世纪后拜工业革命所赐，二氧化碳增多，更大范围的冰川融化，天气突变，台风越来越频繁，越来越剧烈，美国电影《后天》前半截，生动预见冰川大面积融化、气候突变之后各地并发的灾害，飓风、海啸、极寒、洪水等，值得人们警醒。

灾害里的众生

台风属于天灾，房屋被淹，农田被毁，工业厂房机器被损，城市基础设施被破坏,带来直接或间接的经济损失。越是人口密集的大都市，台风来临时面临的潜在威胁也越多，倒伏的树木、破碎的玻璃、被掀翻的广告牌以及被吹落的空调室外机，都是潜在的致命杀手。因此台风来临时，最安全的做法是呆在加固好门窗的房间里。相比大部分有房屋庇护的人类，台风最直接的受害者是树木，其次是以树木为庇护所的动物们。

绿地系统具有防灾避险的功能，但是当下的城市绿地受限于各种基础设施，植被的地下空间越来越局促，人们需要树大荫浓来遮阳挡雨，却不给植物足够的生长空间。大部分的行道树被束缚在有限的绿地里，与各种管线纠缠，台风来临，头重脚轻根底浅，防护能力极弱，“山竹”过后，深圳市内很多以根系发达著称的大叶榕被台风掀翻，露出被市政设施束缚成方形的根系，默默诉说生存的艰难。

2017 年在珠海亲眼目睹“天鸽”之后的植被惨状，成排的行道树倒伏，连片的苗木被拦腰折断。事实证明棕榈科的大王椰子抵御台风的能力最强，“天鸽”过后，珠海海关大门旁边的几棵大王椰子虽被刮掉了一半的叶子，但也能继续支撑。江门市台山也大量种植了大王椰子，这里是台风登陆最多的地点之一，大王椰子可以说是“剩者为王”了。

2016 年 5 月游览厦门鼓浪屿，对岛上美丽的大树印象深刻。接下来厦门遭遇“莫兰蒂”，鼓浪屿上很多盘根错节的大榕树被掀翻，不少以树为主的景点也遭到破坏。但是景区管理者迅速清理残枝，快速启动风景重建。2017 年，鼓浪屿成为世界自然遗产，展示出这个城市管理者的卓绝能力。

深圳应对“山竹”的举措也体现出城市管理的应急能力。台风当日，实时发布风球信息，提醒市民停留在家，组织临海高危区域的居民们到深圳湾体育馆避难。台风过后，相关部门快速清理现场，保证道路畅通，保证供水供电。之后，有声音提议建立“山竹纪念馆”，我觉得很大程度不可行。台风大面积侵袭人口密集的大都会，快速修复并组织灾后重建，考验政府管理能力，加强预防比纪念意义更大。

针对气候突变带来的灾害，防患于未然是首要工作。灾前组织民众加强防灾预演，优化基础设施，还需要借此机会宣传生态环保理念。灾难之下，天地之间，彼此伸手扶助，共同经历了台风的时刻，或许也成为某些孩子们成长中最温馨的记忆。

地景

山岳峰峦记

生于独山

我是独山人，谐音一下，姑且自称为读山人。从对千山万山的云贵高原的质朴感知，到后来从专业角度阅览名山大川，山在我眼中，在我心中，也将要出现在我的笔下。明代张潮《幽梦影》有云：“文章是案头之山水，山水是地上之文章。”本文中，我尝试从自己的角度，用三分专业，三分人文，三分随性，一分空白，从独山开始，写一篇关于山的文章。

独山地处云贵高原向广西丘陵过渡的箱状背斜，难得平坦，但周围群山环抱，山外还是山，形态高耸而连绵，颜色青灰肃穆，即使是云影重重时，山色也鲜有变化。地质学上有著名的独山泥盆纪—石炭纪标准地层剖面，小时候常去的拉拢沟，越往里走越险峻，石壁姿态万千，也有飞瀑奔腾。少时去春游，经常会拣到有动物、植物图案的化石。后来这里也开发成郊野公园，不少儿时的同学们相约徒步穿越。

独山整体还是属于南方喀斯特地貌，喀斯特地貌标志之一的溶洞也是常见。小时候有神仙洞里出神仙的传说。我们年少时有一年端午相约到土匪洞探险。顾名思义，土匪洞是当年剿匪的时候土匪们借助来负隅顽抗的天险，易守难攻。我们进去时打了火把，后来匍匐穿过一条狭窄的斜道，旁边就是不知深浅的暗河。再后来火把熄灭，我们凭借声音和互相扶持，深入到一处空旷的腹地后原路返回。前后近四个小时，出来后每个人的鼻孔都是黑的。最近看到不少洞穴探险后失联的报道，现在想来还是有些后怕。

在群山之间偶有裂谷，形成天险。深河桥就是抗战时期对抗侵华日军的关隘，现在周边已经建成了抗战公园。小时候生活在群山环绕之中，山是习惯一样的存在。高中时乘坐火车从独山出发到都匀，一路洞穴不断，都匀坐落在两山之间，剑江穿过。晨读时攀登学校旁的东山，望对面莽山，山势巍峨，气势雄浑，山色肃穆。也是在这时候，我生出了对山外世界的向往。

2011 年参与巴马盘阳河风景名胜区项目，分几路调研，我们得以踏勘巴马水晶宫。巴马地处云贵高原向桂中平原过渡的斜坡地带，洞穴景观丰富，有大型溶洞、天坑等。水晶宫发育在峰丛洼地（谷地）岩溶地貌区，洞穴内的钟乳洁白纯净，分布密集，其中石毛发、卷曲石、石花等状如冰雪，美不胜收。想到在不久的将来，水晶宫也会布满五颜六色的照明灯，导游会为其增加一些离奇古怪的故事，不由惆怅。

旅途中的山

大学时在独山与南京之间往返，完成了一次又一次西南—华南—江南的视觉之旅。先出独山，到麻尾站转车时，沿途已经略有桂林山水的影子，平地耸起一座座玲珑小巧的山峰。车到柳州时，眼前是生平见过的最美喀斯特地貌山水，一湾静水，两岸线条轻灵的峰峦，水旁凤尾竹的剪影与山体倒影交织，有明月的时候，车上似乎都浸染着静谧的山气。之后一路近距离看山上的石头与树木，望山下的农田与村庄，经湖南丘陵和江西红土小丘，进入山温水软、良田千顷的浙江，一路人烟逐渐稠密，山气也逐渐平实，最后到上海转车往西，渐有小丘如画笔轻扬，远远地瞧见钟山稳如磐石成为南京的背景板，心就定了。

关于华北平原的山，印象最深的是 2008 年从济南到北京的旅途中，回看济南周边的山，平原尽头延绵一组，有白色的大石裸露，远远望去，在温润中隐隐有画意淋漓。想起不久前参加济南园博园项目时提及的赵孟頫《鹊华秋色图》，忽然就明白了他画这幅画时的心境，心有江山丛林，即可成为躲避现世的场所。这次旅途使我完成了一种从平远到深远的审美认知，欣喜。

关于西北看山，印象最深的是2003年到酒泉出差的经历，从北京飞往酒泉卫星发射中心的途中，从乘坐的军用小飞机舷窗向外望去，茫茫戈壁的边缘外是丛丛簇簇的灰白山头，人迹罕至。到机场后再换乘军用吉普一路到东风城，远远地能看一些山际线，近处是零星的芒草和无边的砾石，心里不由对当年从事“两弹一星”的前辈们充满敬意。到了夜晚，星空璀璨，空气冷清，伫立在星空下，一种遗世独立的清醒油然而生。而此时不远处的山们似乎也在星空下窃窃私语，仿佛被点醒了性灵，不再如白日的寡淡，真是神奇的体验。

如果说在西北看山感知到星夜的灵性，那么在西南看横断山脉的体验，则是一次日光的洗礼。2016年2月从成都机场起飞，一路向北飞往九寨黄龙机场。下午时分，西侧横断山脉的群峰如仙女，耸立在云海茫茫中，承接日落的霞光，群峰缥缈，壮丽无比。可惜乐极生悲，飞临黄龙机场下降时遭遇风切变，飞机掉头飞回成都。此时群峰在落日下更壮丽，云层镶金，山峦隐现，但心情已不如来时惊喜。

读三山五岳

《山海经》里描述过昆仑山，之后神山信仰转为皇家园林布局中由太液池、蓬莱、方丈、瀛洲构成的“一池三山”，到了汉初实行郡国并行制，文帝时期将山川祭祀权收归中央，实现了“天子祭天下名山大川”。隋唐后，东岳泰山、西岳华山、中岳嵩山、北岳恒山、南岳衡山的五岳正式确定。

做济南项目时，我抽时间登了泰山。泰山拔起于平原，远望过去巍峨庄严，近观又有山石千姿百态，自成舒朗笔触。泰山向来是帝王封禅首选，又得儒家仪式感加持，上山时松风阵阵，泉石间流水潺潺，气质雍容，可惜山顶上各种商业设施较多，为了拼“一山一水一圣人”的行程，不少游客乘坐缆车匆匆上下，登临泰山时的“快十八、慢十八”的体验就少了很多。相比泰山索道的争议，华山索道倒是很有必要。我们于 2014 年全家游华山，因为有老人，选择乘西峰索道上下的行程。乘坐索道的过程开始比较舒缓，真正进入华山精华路段的时候，惊心动魄的大幅山壁如画卷一样展开，任何语言都是多余的，除了乘坐缆车的胆战心惊，还有对大自然鬼斧神工的赞叹。中国的山川真的是上苍造物之精华所在，黄河流域不但有滋养小麦的黄土高坡，还有让诗人们击节赞叹的绝美山川，奔腾的黄河承载着千年以来孕育的儒家文明和农耕时代最辉煌的时刻。

相比东岳、西岳的奇石、奇松，南岳衡山山林茂盛，个性不太明显，登顶南天门时南向远望，一片郁郁葱葱，山势连绵，云烟薄绕。中岳嵩山除了声名赫赫的少林寺之外，地质运动形成的山岩景观也很壮观，乘坐索道上山时，可以看到明显的横列褶皱山岩系列。到了少室山三皇寨景区，走在栈道上，旁边是几近垂直排列的书页岩，风景独好。

北岳恒山山系多为断层，基岩裸露，植被覆盖率不高，峰峦之间有裂谷，形成陡峭的崖壁，形成悬空寺的奇观，盆地周边起伏连绵，气势雄浑。雁门关、平型关等古今战场增添了北岳作为北方守护神的色彩，因为经常被与佛教名山五台山合并成为一条旅游路线，北岳庙作为道教主场，显得凋零。

相对于五岳的官方属性，庐山、黄山、雁荡山就以姿色扬名。

庐山除了秀丽的风景，与近代伟人关联的故事更引人入胜。雁荡山作为火山岩景观密集的场所，大小龙湫尽显峭壁之险，蔚为奇观。五岳归来不看山，黄山归来不看岳。前文有描述在 2000 年我们上黄山看到雪后日出，如临仙境一样的体验。2017 年重游黄山，到西峰大峡谷游览，怪石嶙峋，云蒸霞蔚，山峰奇险峻拔，非诗歌咏唱不足以描绘。后写《黄山行》以纪念。

仁者乐山

中国山脉有“四横四纵”。四横是：阿尔泰山—小兴安岭，天山—阴山，昆仑山—秦岭，喜马拉雅山脉—南岭；四纵是：贺兰山—横断山脉，大兴安岭—太行山—巫山—雪峰山，长白山—武夷山，台湾山脉。昆仑为万山之祖，《山海经》记录着千年以前的沧海桑田，神话崇拜以及东西交融。之后逐渐演变为天山—阴山，为北龙，成为游牧民族与农耕民族的分界线，气候变化易引发战争冲突，则北龙被突破；中龙是巍巍昆仑与赫赫秦岭形成的中部分界线，定义着南北，分划着黄河流域和长江流域，支撑着华夏中部的脊梁；发育了源远流长的华夏文明。地质运动隆起的喜马拉雅山脉，曲折的横断山脉，再到南方喀斯特地貌构成的大南岭，形成南方延绵的南龙，孕育出珠江口及珠江三角洲的都市圈。

山是大地文章中笔走龙蛇形成的壁垒，是望之让人安心的依靠，是水脉汇聚、藏风纳气的屏障。论语有云：知者乐水，仁者乐山；知者动，仁者静；知者乐，仁者寿。

在大自然的鬼斧神工面前，人类多么渺小，且心生欢喜。读山，乐山，是一种随时可以开启的快乐。四大佛山，四大道山，山一直在那里，只是人自造了神，给自己一个信仰山岳的理由。山之高，可攀；山之秘，可探；山水之美，可绘可诗。山水渊源，人心相依。

侠义的山川

文章是案头的山水，山水是大地的文章。少年时在闲暇时间看了不少武侠小说，在书本里感知山川壮丽、书剑恩仇，荡气回肠。那些因为地域而命名的江湖流派，那些因为穿越不同区域而产生的奇诡情节，是另外一种游历。

从这个意义而言，金庸小说的山水格局不可谓不宏大，并间接影响我的专业选择。风景园林规划，是另外一种意义的指点江山，另外一种作为的激扬文字。

东西南北中

梁羽生的武侠世界伴随的是诗意的江山。《云海玉弓缘》开篇写道:“三月艳阳天，莺声呖溜圆。问赏心乐事谁家院? 沉醉江南烟景里，浑忘了那塞北苍茫大草原，羡五陵公子自翩翩，可记得那佯狂疯丐尚颠连? 灵云缥缈海凝光，疑有疑无在哪边? 且听那吴市箫声再唱玉弓缘。”概括了梁氏武侠的纵横江南塞北的空间诗意。早年的《七剑下天山》，展现了西部天山、冰川的壮丽景观；中期的《萍踪侠影录》，从蒙古高原开篇，最后以张丹枫归隐华南的鼎湖山结尾。

相比而言，金庸写实得多，也更宏大。“射雕”三部曲中《射雕英雄传》里设定的东、西、南、北、中几大宗师，居住地已经定位在大中国——东海桃花岛，西北大沙漠，南方大理城，北方朝天子，中部终南山。郭靖原籍临安，父母经历嘉兴风波后，他一路随母从南到北流亡大漠，成年后为报仇返乡，从张家口到北京，之后结识黄蓉，见太湖烟波，到西南边陲大理，产生误会辗转海上，之后随军西征撒马尔罕城，最后华山论剑，一路不尽的风物随诸多角色登场。

《笑傲江湖》定位更清晰，五岳剑派代表中国五个名山，金庸编排的武功也大抵与各山风景相似，西岳华山险峻飘逸，东岳泰山端凝厚重，北岳恒山稚拙素简，南岳衡山轻灵奇巧，中岳嵩山大气凛然。令狐冲一行出华山，到洛阳，渡黄河，到福建，拜少林，之后上平定州的黑木崖，再辗转到杭州的西湖梅庄。与魔教决裂之后，一路护送恒山派弟子到嵩山参加大会，与师父决裂之后回恒山等死，再到峰回路转回华山省亲，最后归隐江南。随着诡异跌宕的剧情，江山格局与人物风流展现于笔尖。

大景观

格局既定，北京城的繁华，张家口的井市，恒山悬空寺的惊险，临安牛家村的质朴，福建福州的三坊七巷，嘉兴烟雨楼的奇丽，江南慕容府的水上庄园，大理段氏茶花园的旖旎风光，少林寺藏经阁的大气端浑，洛阳绿竹巷的清幽……尽成为读者们耳熟能详的武侠场景。

年少时，随字里行间阅尽大漠飞雕的壮丽，太湖上的千帆竞渡，桃花岛的奇门规划，撒马尔罕城的风雪战况，海上群鲨的惊心动魄，明霞岛上因地制宜的智计，以及冰火岛上的极光，少林武功的神奇，全真道教的玄妙，儒家书画经典的精彩……说来都是大景观，情怀满满。

桃花影落飞神剑，碧海潮生按玉箫！所幸少年时有金庸，因而假装有剑胆琴心的胸襟，知山水风物的审美，有所必为的情怀。故也想象在未来，吾与金庸，殊途同归。

历史

武侠小说于我而言，还充当了历史、地理的课外读本。高二文理分科时，最终选择理科的一个理由，是对历史、地理课本毫无兴趣。梁羽生的诗词开启我对诗意江山的向往，其间也穿插唐朝、宋朝、明朝、清朝的历史重大事件。而金庸小说用鲜活读本展现中国大历史和大地理，从侧面补充了我对历史、地理的一些基本常识。

从《书剑恩仇录》中汉儒天下的幻想，到“射雕”三部曲中对大中国的念念不忘，再到《鹿鼎记》的五族共和，金庸从青年到壮年，观历史的视角不断变化。《书剑恩仇录》成书最早，江湖传说乾隆为汉人之后，陈家洛与一帮前明遗民希望成就汉家天下，胁迫乾隆去满还汉，未果。《射雕英雄传》《神雕侠侣》故事发生在南宋末期，郭靖是抗击元军失败的英雄，金庸仁慈，最终还是让人们保留了侠义遗存的幻想，让杨过大侠射死蒙哥，阻止元军前进的步伐。《倚天屠龙记》的背景为元朝末期，郭大侠铸造的屠龙刀落在张无忌的手中，最后朱元璋用其驱逐了元军。《碧血剑》发生在明朝末年，书里对明代朝廷的昏庸和李自成队伍的腐败做了反思，对汉儒天下的意志已经没有那么坚定，袁承志远赴盛京刺杀皇太极，也被皇太极的雄才伟略感动，最后看李自成灭明后队伍凋零，黯然离场。《鹿鼎记》则是在明末清初，此时康熙平三藩，收台湾，决策英明。同期以“反清复明”为宗旨的天地会也不断活动，各路反清武装此起彼伏。在这些纷争的夹缝之中，小混混韦小宝平步青云，成了当朝红人，同时还成为反清武装天地会的堂主、黑帮神龙教的老大，最后冲突加剧，留下一句“老子不干了”，逃之夭夭。金庸先生这些作品的跨度也应该代表了他不断进阶的历史观。

宋朝、明朝都是民族矛盾尖锐的时期。2010 年，86 岁高龄的金庸获剑桥大学博士学位，发表的博士论文题目是《唐代盛世继承皇位制度》，专门研究唐朝的宫廷政治。

水景

江河湖海记

沿着黄河流域延展，山水格局各有特色：自陕西起，西岳华山险峻，可远观黄土高原，守护黄河上游以及古都西安；中岳嵩山巍峨连绵，也毗邻黄河，守卫东都洛阳；再往东，是东岳泰山，气势雄浑，距离黄河入海口不远。山岳与江河一道，是重要的大地风景，古书中多有“五岳四渎”之说。《尔雅·释水》提及江、河、淮、济为四渎，即长江、黄河、淮河、济水。按《水经注》所说：“自河入济，自济入淮，自淮达江，水径周通。”长江、黄河、淮河至今犹在，济水却因黄河改道而干涸消失。目前济南境内的小清河曾经是济水的重要干流，成为济南治水的重要项目。

2013 年是我见识江河湖海最多的一年。先是参与济南玉符河项目，了解了玉符河与黄河的关系，顺便到附近小清河看水文，了解济南市的水系格局，包括南部山区地下水丰沛导致济南泉水喷涌等。夏季几次飞济南，在飞机上高空看长江，低空看黄河。10 月到香格里拉看纯净的纳帕海，以及普达措国家公园里如同仙境一样的碧塔海和属都湖。11 月底到美国参加 ASLA 大会，考察著名的翡翠项链河道以及湾区规划，清澈的河水在阳光下闪耀着碧蓝的光，湾区海水深碧，岸旁水鸟翔集，实在是天人合一的美景。散会后随旅行团在美国东部走马观花转了一圈儿，对壮阔的密西西比河旁的良好生态环境赞叹不已。之后从纽约转芝加哥回香港，飞临芝加哥上空的时候，看到密歇根湖碧波万顷，湖区旁的城市规划俨然。

因为多年来从事相关工作的关系，中国七大江河——长江、黄河、珠江、黑龙江、海河、淮河、辽河，除了黑龙江我没有亲身到过之外（只到过它的支流松花江），其他基本都在岸边考察过。人类逐水而居，临水建城，为防水患而高筑坝，却渐渐丧失了让水清岸绿的初衷。

长江与珠江

1989 年 9 月初到南京，国庆过长江到浦口车站去看安徽的大姨。那是我生平第一次见到长江，江面宽阔，江水略浑浊，似乎与心目中的长江有差距。之前中央电视台拍摄的《话说长江》全程看完，见到真实尺度的长江，反而有种失落。船过江心，有沙洲隐现，依稀可见水鸟身影。2017 年看电影《长江图》，在摄影师李屏宾的镜头下，从雄奇壮阔的青藏高原到峥嵘磅礴的三峡群峰，再到温润秀丽的长江中下游平原，长江从雪山走来向东海奔去，展现出卓绝的诗意中国，正统、大气、辽阔。2021 年 3 月，《中华人民共和国长江保护法》正式实施，期待其他大江大河的保护也纳入立法进程。

珠江由东江、北江、西江组成。广东不少城市依水而建。惠州边的东江水面宽广，凝视下又觉得暗流涌动，颇有气势。2013 年，我受邀评审清远燕湖新城滨水区概念规划，到清远北江岸边参观，大雨初歇，北江岸边云气低迷，隐隐有三峡风貌。2015 年，肇庆市成立肇庆新区，以西江边的长利涌、横槎涌以及砚阳湖为水系骨架，提前布局水系规划及城市设计，我受邀评审过几次。西江视野开阔，山高水平，山际线舒缓大气，江水从山峰对开中流出，颇有李白“天门中断楚江开”的诗意。水面在日光照耀下波光粼粼，岸边有芦苇飘摇，生态条件极佳。广东一直大力推动碧道建设，希望能实现水清岸美的愿景。

家乡的河与黄河

我生于 20 世纪 70 年代，童年时尚有绿水青山的记忆。与独山县相邻的平塘号称“玉水金盆”，玉水河依城蜿蜒，是童年时与小伙伴们快乐嬉戏的场所。有一次与表姐饭后到河边洗澡，因一时好奇，凭借半生不熟的水性游到深水区，掉头时身体直线下沉，几番扑腾才等到表姐来救，想想还是后怕，老人说欺山不欺水，诚不欺我。那时候的水边沙软水清，水草繁茂，水中有天然沙洲。后来为了所谓的水秀和滨水景观，将河岸全部抬高筑石，自然的岸线消失。我真切地感受到了城市扩张对自然的侵蚀，造成不可逆转的遗憾。

贵州一带，喀斯特地貌形成若干高山深峡与飞瀑流泉，大的有黄果树瀑布，小的有荔波小七孔，从水春河到鸳鸯湖，从水上森林到翠谷瀑布，一路都是山水景观。我所遇到的在异乡的贵州人，骨子里都是明山秀水，且热爱自然。

治水是重大工程，水安全是高于一切的原则，在水安全面前，水景观退而次之。黄河流域的水情治理，可上溯到大禹治水。2020 年在花园口看黄河的时候，不禁想起李白那句“黄河之水天上来，奔流到海不复回”。之前正好雨量较大，上游小浪底水库开闸泄洪，水位线很高，黄河携带巨量泥沙，浩浩汤汤，气势雄浑直奔入海口。历史上的黄河在华北平原恣意奔腾，汛期时因能量太足，导致多次改道，也形成诸多水患。中华民族龙的图腾或者有部分原因与黄河关联，一方面祈祷它保佑风调雨顺，润泽万顷良田，一方面祈祷它不要作威作福，使洪水泛滥成灾。

与黄河壶口瀑布的喷涌激荡不同，黄河济南段因为有小清河、玉符河等支流汇入，非汛期的时候反而有种宽广坦荡、温柔娴静的气质。济南南部山区青葱逶迤，地下有暗河流淌，受地壳挤压向北部平原喷涌而成泉，“泉城”也因此得名，四面荷花三面柳，一城山色半城湖。黄河的涨涨落落，形成大小湿地，夏季藕花盛开，明媚阳光下清幽飘逸。这样的自然地理格局，孕育出李清照如泉涌的文思、坦荡的胸怀、清澈的性情。而齐鲁大地山与河的雄浑也孕育了辛弃疾这样风格沉雄豪迈又不乏细腻柔媚之处的文章格调。

那些感动过自己的湖

生平最多阅览的湖是西湖。2008 年，我在惠州西湖边从事丰渚园规划设计，翻阅苏东坡事迹，“东坡到处有西湖”。杭州西湖的苏堤、白堤与古老的绿道关联，与唐宋的诗意关联。扬州瘦西湖的景观风貌与二十四桥的明月以及杜牧的诗意相关。

最心爱的湖是南京紫霞湖。南京求学期间，每逢心情抑郁，便骑车前往紫金山。紫霞湖这个隐秘的小湖四季风景不同，春秋的层林变幻出不同的气质，是最有效的情绪舒缓地。

最感动我的湖是九寨沟长湖。2016 年 2 月，看到冬季九寨的水千姿百态，色彩斑斓，登临长湖的刹那，忍不住热泪盈眶，被天地间这么纯净、无声的美震撼到心灵颤抖。地球千百年来悄悄孕育出这么美好的江山，寂静的白雪化了又凝聚，人类的旅程不过一瞬，能有天地最美风景相伴，真心要感恩。

最诗意的湖是安徽巢湖。2012 年初，我四十岁的生日刚过，受邀编制环巢湖旅游公路修建性详细规划。到湖边时正值初春黄昏，春风凛冽，烟霞微醺，无尽风流。在湖边行走，不时看到湿地滩涂，芦苇轻摆，远处碧波荡漾，水天一色，气韵氤氲，云烟浸润，山抹微云……后来听闻诗仙李白也在巢湖附近终老，更为感慨。

最具画意的湖是池州平天湖。2021 年 1 月，到池州平天湖畔，水天间烟雨空濛，山水如水墨长卷，水中水鸦点画间，空灵静谧，岸旁枯萎的芦苇与荷叶，无一不构成画卷中或深或浅，或特写或写意的笔触。

最侠气的湖是无锡太湖。1991 年我与南京同学到无锡鼋头渚实习的时候，心里还有侠气江湖的故事。金庸笔下太湖群豪的故事惊心动魄，我在湖边上不禁神往，写下“太湖之水清，可以濯我心，太湖之水阔，可以纵帆彻。太湖三万六千顷，太虚神游十万里。青春洒尽江湖落，天地独坐舒天阁。山河一卷春秋色，浩渺十分淡烟波”，算是稚拙的、剑胆琴心的初心。

最冬的湖是南京玄武湖，雪景中金陵的古今意趣全部淋漓尽致地呈现。最春的湖是瑞士茵特拉根图恩湖，即使有皑皑雪峰环绕，湖中春意淋漓渲染至水岸，人也多情。细细回想，生平游过最深情的湖，却可算是绍兴兰亭旁边的无名湖。千禧年元旦，到南京与老同学蒋晓莉小住，约好一起到绍兴游览。在兰亭旁购买了著名的《兰亭集序》镇纸石雕，之后上了湖旁一清秀船娘的乌篷船，湖边风景是寻常的江南山水景观。点了绍兴名菜霉干菜烧肉，泡了两杯据说是绍兴本地产的绿茶。日光懒懒，日子散散，透明的玻璃杯里绿色的茶叶舒展，竟然铭记在心头至今。

海的风情

百川归海。我从黔南的万山穿越半个中国到江南，之后在南海之滨居住了二十多年，虽然山人的本性难移，但是也常常在项目中，在旅途中感受来自海洋风景的感动。2003 年参与编制七娘山郊野公园总体规划，到东冲海岸调研，欣赏到以岬角、海湾、海崖、岛屿为特色的海岸景观，还有海蚀平台、海蚀阶地、海蚀洞、海蚀柱等，感受到最美海岸的魅力。深圳东西冲被美国《国家地理》杂志评为“中国最美十大徒步线路”之一。

2019 年 6 月，全家到北欧旅游，前往挪威峡湾的途中仿佛经历了从江南平原的温软湖泊，到云贵高原的高山深峡和飞瀑流泉，再到青藏高原的冰原浅滩。乘船游览哈当厄尔峡湾，见群峰交错，沿海岸纵深展开，听说水下深达 800 米，不由感慨自然之威。不论是在北欧看波罗的海，在澳大利亚东海岸看太平洋，还是在美国东岸看大西洋，在西岸看太平洋，甚至乘坐邮轮看北部湾的南海，都能领悟到深深的海洋带着浩瀚的碧波，展示着它博大的胸襟，和深沉不可知的力量。爱尔兰临大西洋的莫赫悬崖，是地壳变动和大西洋无数年惊涛骇浪冲击的杰作，险峻笔直的悬崖断层鳞次栉比，仿佛一部部巨书。而澳大利亚的十二门徒石，也是南极圈吹来的季候风，卷起惊涛巨浪，塑造出鬼斧神工的“十二使徒”石柱群。台湾野柳地质公园中大屯山余脉伸入海中的岬角，经大自然风吹浪打，形成“女王头”等海蚀景观。十二门徒与“女王头”在不海浪的断冲击和风蚀中，千百年后或者会呈现出与当前不同的景观。

2015 年夏天参与环大亚湾绿地生态网络规划的时候，在惠州惠东地稔平半岛调研。正值夏季，黄昏回程时过南海内湾的考洲洋湿地，海边的渔村星光点点，近海的渔船上的灯光与夕照下的云影天光一道，真正体会到独特的、属于南海渔村的渔舟唱晚景观。再往西是惠州重点打造的巽寮湾，长长的海岸线面海背山，沙滩细软，岸边新建设的滨海休闲度假酒店等物业依次呈现新兴气象。再往东经过大亚湾石化新城，被灯光装饰的烟囱在夜色中呈现出梦幻的景象。返回深圳中心区的时候，依次经过小梅沙、大梅沙、盐田港，于山海间看群岛温润，如珍珠洒落海面，初步感受到南海粤港澳大湾区的滨海风情。

2019 年粤港澳大湾区成为国家战略重点规划区，南海之滨的城市群从景观风貌而言，已经是独具魅力，如果在水环境处理方面，能与旧金山湾区、纽约湾区，甚至波士顿湾区的水质媲美，东方巨龙的崛起，或许会从南海开始抬头。来自西方的海洋文明在这里与古老的农耕文明交汇，来自北方的人流、资金流、物流在这里共振，形成本世纪百年大变局下的风景。未来，将呈现出更有个性与特色的滨海风情。

长江小记

有限的时间节点萧萧下

先回顾一下我关于长江的小节点。之所以说“小”，一来我并未全程走完，不敢说大；二来在长江这样庞大的话题面前，任何文字都是小小的沧海一粟。

1983年，25集纪录片《话说长江》全景呈现长江沿岸地理及人文，从长江源头一路拍到出海口，成就爱国主义的地理教科书。主题曲大气磅礴，情景交融：“你从雪山走来，春潮是你的丰采；你向东海奔去，惊涛是你的气概。”

1989年秋，初到南京，从中山码头坐轮渡过长江，江面茫茫，沙洲上寥寥几只沙鸥。从三国时期的铁锁横江，到近代南京下关码头的屠杀，从百万雄师过大江，到南京长江大桥建成通车，六朝古都的历史如闪电般闪过。

2009年到武汉，体会江城刚柔相济的气度，毛泽东诗词涌上心头：

茫茫九派流中国，沉沉一线穿南北。烟雨莽苍苍，龟蛇锁大江。

更立西江石壁，截断巫山云雨，高峡出平湖。

2010年到花溪国家城市湿地公园，知悉花溪地处长江水系和珠江水系的分水岭，萌生看长江的念想，直到2014年春节假期，才得以从重庆登船往宜昌，一路看三峡风景，感觉自己如一尾鱼，游荡在时间和空间的变化里，跟着李太白的诗意，断续写一些辞章。2015年到都江堰看了著名的水利工程，才终于确立一些中国地理大山大水的基本框架。

2016年春节假期，我在去九寨沟的路上参观了长江重要支流岷江的上游。寂寥的群山里，一脉静水。由此联想到长江的源头，是千山万山的龙脊，长江的下游，遍地河湖，江水奔腾而下，不尽的能量倾泻，无限的时间与空间在转换。我能想象当年的徐霞客对这样震慑人心的壮美深深叹服，能想象当年的李白在长江的怀抱里纵情吟诵，在性灵与山水之间顿然感悟。

2016 年夏看《长江图》，电影镜头从长江下游一路上溯，用诗歌的方式呈现重要的滨江城市节点。摄影师李屏宾在《刺客聂隐娘》中已经用镜头展现出卓绝的诗意中国。仅从影像方面来说，《长江图》是恢宏的，肃穆的，写实的，全域的，李屏宾的移步换景、虚实相映、水墨画卷式的摄影方式让长江在特殊的光影实验里流淌出至真至诚的生命力。

无尽的长江滚滚来

长江是主流的。截至 2018 年 2 月国家公布的九大国家中心城市里，重庆、成都、武汉、上海，各自从上、中、下游定位长江。2016 年 6 月发布的《长江经济带发展规划纲要》明确了长江经济带生态优先、绿色发展的总体战略。规划提出“一轴、两翼、三极、多点”的格局，“一轴”是指依托长江黄金水道，“两翼”中南翼以沪瑞运输通道为依托，北翼以沪蓉运输通道为依托，促进交通互联互通，“三极”是指长江三角洲城市群、长江中游城市群、成渝城市群三大增长极。

2017 年，吴志强院士规划武汉长江新城，用大数据模拟了世界上若干个滨水城市，定位这个新城的未来形态、规模、发展模式。

长江是广域的。从雄奇壮阔的青藏高原到峥嵘磅礴的三峡群峰，再到温润秀丽的长江中下游平原，从雪山走来向东海奔去，6300 多千米的长度，4500 多米的高差，流域面积 180 万平方千米，占中国国土面积的 18.8%，影响四亿左右的人口，纵横半个中国，激荡亿万众生。

长江是纵深的。从唐人的辽阔到宋人的深情，情的载体各异，又一脉传承……从石达开出走惜败大渡河，到大渡桥横铁索寒的豪迈，浪花淘尽古今英雄。

每当想起长江，滔滔江水，奔腾到海，对我而言更多是风景的长江，诗情的长江，画意的长江，古典的长江；是两岸猿声啼不住，轻舟已过万重山的长江；是孤帆远影碧空尽，唯见长江天际流的长江；是万千线条纵横，千般风姿绰约的长江。

最后回到水生态

2017年7月，生态环境部发布《长江经济带生态保护规划》，明确指出长江自然生态环境的严峻形势。

长江经济带污染排放总量大、强度高，废水排放总量占全国的三分之一，单位面积化学需氧量、氨氮、二氧化硫、氮氧化物、挥发性有机物排放强度是全国平均水平的1.5至2.0倍。重化工企业密布长江，流域内30%的环境风险企业位于饮用水水源地周边5千米范围内，各类危、重污染源生产、储运集中区与主要饮用水水源交替配置。部分取水口、排污口布局不合理，12个地级及以上城市尚未建设饮用水应急水源，297个地级及以上的城市集中式饮用水水源中，有20个水源水质达不到Ⅲ类标准，38个未完成一级保护区整治，水源保护区内仍有排污口52个，48.4%的水源环境风险防控与应急能力不足。

部分区域发展与环境保护矛盾突出，环境污染形势严峻。秦巴山区、武陵山区等8个集中连片特困地区，位于国家重点生态功能区，也是矿产和水资源集中分布区，资源开发和生态环境保护矛盾突出。磷矿采选与磷化工产业快速发展导致总磷成为长江首要超标污染因子。全国近一半的重金属重点防控区位于长江经济带，湘江流域重金属污染问题仍未得到根本解决。长江三角洲、长江中游、成渝城市群等地区集中连片污染问题突出。部分支流水质较差，湖库富营养化未得到有效控制，城镇和农村集中居住区水体黑臭现象普遍存在。

区域发展不平衡，传统的粗放型发展方式仍在持续。长江沿线是我国重要的人口密集区和产业承载区，生态修复和环境保护迫在眉睫。长江经济带横跨我国地理三大阶梯，资源、环境、交通、产业基础等发展条件差异较大，地区间发展差距明显，但沿江工业发展各自为政，依托长江黄金水道集中发展能源、化工、冶金等重工业，上、中、下游产业同构现象将愈发突出，部分企业产能过剩，一些污染型企业向中上游地区转移。

水生态环境状况形势严峻。长江流域每年接纳废水量占全国的三分之一。中下游湖泊、湿地功能退化，江湖关系紧张，洞庭湖、鄱阳湖枯水期延长。长江水生生物多样性指数持续下降，多种珍稀物种濒临灭绝。

危险化学品运输量持续攀升，航运交通事故引发环境污染风险增加。涉危险化学品码头和船舶数量多、分布广，仅重庆至安徽段，危险化学品码头就接近 300 个。危险化学品生产和运输点多线长，部分船舶老旧，运输路线不合理，应急救援处置能力薄弱等问题突出。长江干线港口危险化学品年吞吐量已达 1.7 亿吨，种类超过 250 种，运输量仍将以年均近 10% 的速度增长，发生危险化学品泄漏风险持续加大。

生景

景观植物记

我在南京林业大学学习园林专业时，园林植物学得不好，后来想想，可能与自己“得意忘形”的特性有关：学习植物时喜欢意境和玄虚的感知，对其造型、名称容易遗忘；运用植物做景观设计的时候，因为植物生理的基础不扎实，过于强调字面意思和造型意向，容易犯见意忘理的毛病。毕业后在珠海园林科学研究所工作期间，多半是所里有什么苗木就用什么材料，比较被动。后来到了深圳之后，将植物造景工作交给专业的工程师，我仅就空间、尺度、造型、色彩、质感、肌理、层次、季节组合方面提出意见，这时候反而更加注意植物的相关知识了。对在天地间被向往的植物风景，也多半是“见色起意”。

春花春绿

春花是大地复苏时自然界的交响曲。1990 年，南京的梅花山上梅花盛开，宿舍里几个女生逃课到梅花山赏梅。春光明媚中，少女的笑颜比春花还动人，没想到被电视台拍摄下来，还好没有被当作证据提交给学校。2017 年重回南京梅花山，微雨中春寒料峭，更能体验梅花的风骨，次日阳光乍现，花下的老同学眉眼间依稀如旧。

身在岭南，亚热带的气候特征下，四季常绿，以勒杜鹃为代表的红色系藤本花卉在道路旁、高楼间、大树下时时绽放。对季节的感知多半来自春天的大叶榕，还有深南大道旁的小叶榄仁，它们肉眼可见一天天从星星点点的绿到毛茸茸的绿，从嫩绿到浅绿再到轻绿，即使是盛夏的光影下，也是春意盎然。五月凤凰花开，华侨城生态广场犹如过节一样热闹，红砖的小火车站旁，一树树如火焰流光，傍晚喷泉打开，人声鼎沸与花色喧嚣构成盛世风景。

深圳要打造世界著名花城。梧桐山的毛棉杜鹃花成为春天山林一景。城市干道旁遍植木棉、宫粉紫荆、黄花风铃木、紫花风铃木，从三月到五月，色彩缤纷。观澜河旁种植凤凰木，香蜜公园引入月季和郁金香。花开时节人比花多，热烈热情，到底是深圳。

南方的春天，到底是繁杂喧嚣了些。故经常向往四季分明的暖温带国度的纯粹春色。2015 年 3 月下旬到樱花国度日本旅游，是时，春光渐媚，天色温润，天地含情，樱花粉嫩纯洁，在和煦的阳光下含情脉脉地绽放。成片的樱花林远观时如雾如霞，孤植的樱花树一树繁盛，热烈纯真。

欧洲的春天，绿意也令人印象深刻。2016 年 4 月到欧洲游览，荷兰库肯霍夫公园里的郁金香和风信子，热烈地昭告春天的信息。大树下，池塘边，光影富丽，美如油画。公园外的花田，大片大片的斑斓色彩如同上帝的调色盘。2017 年 5 月到英国、爱尔兰游览，正值春深，在车上导游说英国春天的绿色多样，曾经有一百多种绿。目之所及，头脑中的词汇已经不够用，百度了一下关于绿的形容词：豆绿、浅豆绿、橄榄绿、茶绿、葱绿、苹果绿、森林绿、苔藓绿、草地绿、灰湖绿、水晶绿、玉绿石绿、松石绿、孔雀绿、墨绿、墨玉绿、深绿……

目之所及，同一种草，一天里会呈现清晨绿、中午绿、黄昏绿；不同的天色下，会有晨光绿、丽阳绿、薄暮绿；不同的天气中，会有轻雾绿、阴天绿、明丽绿。同一棵树，会有嫩芽绿、小叶绿、大叶绿、老叶绿；不同的方位，会有正东绿、南向绿、树顶绿、林荫绿、花旁绿、花间绿、叶丛绿。同一片丛林，会有泼墨绿、点彩绿、干挂绿、线条绿、纤毛绿、团簇绿、苍劲绿、小清新绿、老油条绿、蓝花丛上绿、黄花野地绿。同一片绿色风景，会有云下光影绿、山间明暗绿、林间参差绿、海边岩缝绿、小镇屋间绿、羊群蹄下绿、野花丛里绿、原野恣意绿、塘边幽暗绿、湖旁油彩绿、风吹翻腾绿……

在英伦大地的春游时节，这种深深浅浅、浓浓淡淡、吱吱呀呀、窃窃私语、四处流淌的绿包围着身心，点染着大地，浸润着晨昏，激活着醉意。

秋叶

南京的秋色是最让人难忘的。南京林业大学校内有不少人迹罕至的小径。深秋的晴日清晨，到处都是明黄、深红等不同层次的色彩调和出的明丽。明孝陵神道两旁的狮子、獬豸、骆驼、大象、麒麟和马共 6 种 12 对石兽，在三角枫、乌桕、榉树等红红黄黄、层层叠染的秋叶点染下，散发着历史的沧桑气息。大学三年级某个秋日，心情郁郁，骑车到钟山散心，黄昏时从中山门返程途中，微风中落叶飞舞，天色微红，中山门以及延绵的城墙似乎发出惆怅的叹息，暮色微凉，不断飞旋落地的黄叶仿佛也沾染了惆怅的气氛，感时叶同心，刹那间明白为什么说南京是最伤感的城市。

2013 年 11 月到波士顿开会，深秋的晴空蓝得发紫，纯度极高的蓝色河流旁，波士顿联邦大道及两旁的公园里的糖槭、黄栌、五角枫等高大的红叶树成片调和出明亮的秋色，一路迎风招展。草坪上的落叶也形成斑驳的色彩带，不时见到松鼠出没，光影里摇曳的红叶风姿动人。远处是滨水建筑与和谐的天际线，刚柔相济，色彩柔和，构成动人的城市景观，至今念念不忘。

枝与果

华南的景观植物中枝条美感突出的，多半是棕榈科植物，从大王椰子到加纳利海枣，从槟榔到金山葵，都是枝干笔直，顶端呈丛簇状分散。作为行道树排列过去，就是典型的南国风情，在海边成片种植，肌理带着相似的韵律，高高低低之间，与阳光沙滩共同构筑度假氛围。

在暖温带及寒带，落叶季的树木呈现出一种抽象的线条美感。南京深秋有月亮的夜晚，樱花大道的树叶已经凋零，透过疏落横斜的树枝看秋月，有特别的寂静之美。有冬雪的时候，枝条披挂着雪，树干在雪地里呈现出分明的肌理，另有一种超现实的图像感。

南方的很多果树都是优良的绿化品种，深圳的不少公园之前都是果林，包括荔枝、芒果、龙眼。初夏时分，青绿的大果、小果在树丛里冒头，有种特别的丰硕感。园林所的行道树都是树菠萝，5 月初开始在树干上冒出的一串串果实，喜感十足，逐渐长大到直径 30~60 厘米，有时候都要担心会不会砸下来。到了三亚，不少行道树用槟榔、椰子等品种，挂果时成为重点养护对象，别有风情了。

木棉先花后叶，开花时枝头缀满大朵的红花，张扬而恣意，被赋予“英雄树”的美称。挂果后，如果天气干燥的话，果实十天半月不落地，灰扑扑如同灰蝙蝠悬吊，落地后还会有飞絮，引发市民抱怨。其实植物抽枝发芽，各有自己的生命规律和生理构造，开花结果是其繁殖的本能，被赋予的精神属性，不过是人类的自作多情。最无语的是目前植物的审美属性被审美潮流所左右，今年流行复合多层、生态种植，明年又风靡疏朗通透、大气简洁。植物景观还是要以实用、美观、经济为三原则，生态效益优先，美学特性其次，适地适树，少壮为主，方便养护，再权衡植物的象征与精神。

谁家庭院谁家树

我对植物的景观记忆其实并不友好。初中时，一群同学到学校树木园偷采金黄的银杏叶，老师居然连我一起冤枉了。到了南京，看着当时被老师宝贝得不得了的银杏树居然满大街都是，秋天时落叶飘落满地又被无情扫走，不由失笑。2018 年游澳大利亚，因为有别于其他板块的地理位置，长期以来绝少人为干预，地壳板块分离之前遗留在这块大陆上的物种得以繁衍，并以独特的风貌继续生长，长成了一些似是而非但让人觉得很有趣的植物。在十二门徒景区看到的木麻黄，悉尼歌剧院看到的澳洲大叶榕，还有一些比起亚洲大陆的亲戚们，生长得更奇怪和富有生机的茶花、玉兰、杨梅等，回来后起心要恶补植物学知识。

植物被赋予情感色彩，对此最有感触的还是大学时期到杭州实习，于下雪天独自上灵峰寻梅。在一个荒寂的庭院，柴扉后几树梅花盛开，与雪景相映成趣，才会升起“王孙归不归”的诗意。

2021年春，重回苏州拙政园，看到不少青年学生用速写本在测绘及写生，不由回想起1991年的洪灾期间，我们在苏州园林实习，树木与流水、山石在雨中渐渐融为一体，寂静的庭院里，仿佛与园主隔着时空对话，刹那间产生了身份认同的困惑：你来了，你是哪家的高士，还是哪里的造园工匠？拙政园一角，园主王献臣之友文徵明对建造拙政园提出了不少美术层面的见解，文徵明的手植紫藤至今仍年年开花，植物与名园一起相映成趣。

古树名木如果保护得当，会有千年的寿命。2014年到陕西省黄陵轩辕庙，庙中的轩辕柏号称是轩辕黄帝亲手所种。2017年到孔庙参观，孔子手植桧距今也有2400多年。2020年到嵩山嵩阳书院参观，书院内西汉年间被汉武帝赐封的“大将军柏”“二将军柏”，是我国现存的最古老而且是最大的柏树。2019年上池州九华山，看到南北朝时期神僧杯渡所植的凤凰松，如今依然枝叶茂盛，光彩照人。我不由得想，自己今后能留下些什么。

或者，文以载道，是另外一种有价值的传承。

虫鱼鸟兽记

毛泽东在《沁园春·长沙》上阕写道：鹰击长空，鱼翔浅底，万类霜天竞自由。描绘的是一幅生物多样和谐、天人合一的理想图景。现实中的动物们，在人类无所不在的活动范围下，是不折不扣的弱势群体。1988 年发布的《中华人民共和国野生动物保护法》只保护野生动物，而自然界里，还有很多与人类共生的动物，以及宠物等陪伴动物，提供产品的畜养动物，提供劳力的劳作动物，做实验用的实验动物等。《动物防疫法》《畜牧法》《生猪屠宰条例》《实验动物管理条例》等多半都是从人类的角度提出的法规。当下，生态文明建设提倡以生态视野为价值观，要与动物和谐共处。与动物为善多半是童话里出现的场景，现实里很难顾及。我小时候养过鸡、养过狗，养过猫，深知这些小动物们也有自己的喜怒哀乐，从小就不喜欢看马戏里的驯兽表演，也不喜欢钓鱼等虐待动物的行为。看到过拉车的马爬不动坡，被主人残酷鞭打，真实见过课文《马》里提及的马被主人打急了也会流泪的场景，忍不住要心疼。

虫

法布尔的《昆虫记》洋洋十卷，记录了他对昆虫们的观察，既呈现了昆虫们在没有人类干预的场所里的行为方式，又表现出被人类干预时它们的状态。昆虫界的尺度，相对于人类是渺小的，它们勉强在夹缝里生存。我对昆虫的原始认知可没有法布尔这么温情脉脉。小学时经过一棵大槐树，春季时树上吊着很多绿色小虫，后来知道了它的学名叫国槐尺蠖，俗称吊死鬼，经过时心惊胆战。还有一次放学回家，和同学在路上嬉戏，低头看到拖拉机下似乎有一块色彩鲜艳的手绢，伸手过去快碰到时，这“手绢”突然动了，原来是一只肥大的彩色虫子，吓得我们魂飞魄散，尖叫奔跑。

大学时学习园林植物病虫害，如蚜虫、蝉、蚧壳虫、蟠象等以植物叶、根、茎为生的昆虫成为除虫剂除去的对象，还有那些生在蔷薇、月季上的白粉病，是真菌类的物种造成的，需要用化学药剂喷洒消灭。这些真菌类、昆虫类物种的泛滥危害了生态平衡，要被人类发明出的毒药去除。以这些昆虫为食物的其他生物，也连带受影响，蕾切尔·卡森的《寂静的春天》已经为我们发出示警。

鱼与鸟

如果把整个地球 45 亿年的历史压缩到一天 24 小时之中，人类在午夜前最后的三秒钟出现。在人类出现之前，不少鸟类和鱼类已经形成了自己的迁徙路线，他们的旅程，只是遵循古老的基因里关于生存的记忆。电影《鸟的迁徙》以平视的角度、悲悯的眼光，记录了这些不停飞翔的候鸟在无知的状态下落入人类的陷阱，以及它们的目的地被人类改变时的茫然，也记录了鸟类在暴雨时冒险到人类的船上躲避。2021 年发布的《长江保护法》规定：国家鼓励有条件的单位开展对长江流域江豚、白鲟、中华鲟、长江鲟、鯮、鲥、四川白甲鱼、川陕哲罗鲑、胭脂鱼、鳤、圆口铜鱼、多鳞白甲鱼、华鲮、鲈鲤和葛仙米、弧形藻、眼子菜、水菜花等水生野生动植物生境特征和种群动态的研究，建设人工繁育和科普教育基地，组织开展水生生物救护。也是为未来能在长江中自由繁殖、迁徙、洄游的鱼类提供一些法律保障。

深圳滨海大道南面的福田自然保护区与对面的香港米铺一道，是重要的候鸟迁徙中转站，淡水与咸水交汇处的淤泥质潮滩孕育了丰富的鱼、虾、蟹和红树林，使深圳湾成为来自世界各地的候鸟的庇护所和觅食地。从 2014 年开始深圳湾被划为禁渔区，之后这里的鱼虾资源逐渐恢复，尖头斜齿鲨、短吻鲾、乌贼等均有效繁衍，为鸟类生境恢复提供了良好的食物链。2019 年统计到凤头潜鸭、普通鸬鹚、黑脸琵鹭等6种水鸟的数量，超过全球总数量的1%，列入世界自然保护联盟濒危物种红色名录的黑脸琵鹭，也从2014年的252只增加到2019年的383只。目前深圳湾沿岸日常栖息的水鸟平均为3000只左右，可以说鸟是深圳湾最核心的生态资源，也是最具价值的典型景观。2002年刚到深圳，入冬后临空飞舞的鸟，以及在旁边深圳湾自在地运动、休闲、娱乐的人们打动了我，并成为举家从珠海搬迁到深圳的理由之一。

深圳创造了全球的城市发展史上人口迁徙、经济发展的传奇，是中国改革开放四十年的见证，我们与这个城市里来自五湖四海的移民一道，为了更好的生活而成为这里的一员。深圳有不少自发保护鸟类和其他动物的环保组织。2020年初，深圳湾航道工程疏浚环评引发热议，就是因为环保组织和爱鸟人士高度关注疏浚工程可能对深圳湾底泥造成破坏，使鸟类食物链受到损毁，影响候鸟和留鸟的栖息地环境。

生物多样性

联合国第65届大会第161号决议把2011~2020年确定为“联合国生物多样性十年”，并计划于2021年10月在中国昆明举办联合国生物多样性大会，审议通过新的《2020年后全球生物多样性框架》。2021年夏天，从云南西双版纳出走的亚洲象群的迁徙牵动全球人的视线，大象小象的动态被实时监测，“大象去哪儿”成为大家关心的问题。有人开玩笑，大象知道昆明即将召开生物多样性大会，因此自己出圈儿刷存在感，让大家关注这个问题。

经过2019年澳大利亚大火、2020年新冠肺炎疫情，世界各国应以命运共同体的视野和立场，关注生物安全和生态安全。自然界中原有的食物链在城市中已不复存在，猛兽们被关入笼中，不限地域地安置在动物园里，食物链里所有动物的生杀大权全在人类的善恶之间，所以城市的生态系统怎样重建，关键仍是人的观念问题。深圳湾的鸟类生境与生物多样性营造，应立足全球，树立中国样板和深圳示范。

2018 年，全国人民代表大会通过《中华人民共和国野生动物保护法》修订草案，第一条即是“为了保护野生动物，拯救珍贵、濒危野生动物，维护生物多样性和生态平衡，推进生态文明建设，制定本法”。生物多样性与国土空间中的自然保护地系统、城市绿地系统关系密切，夯实生态系统空间布局，才能给生物多样性提供区域管控、规划布局、行为约束的可能性，保证生物安全的可行。作为从业人员，或许可以通过微薄努力实现让野生动物不受打扰，与人类相安无事。那些虫鱼鸟兽，在各自领地里，彼此安好吧。

圆明新园的猫头鹰

1995 年，我们在珠海圆明新园工地中施工，一天，工人们突然大嘈，原来抓到了一只不知道从哪儿飞来的猫头鹰。我连忙走过去，小家伙正惊恐地挣扎着，看它那因受惊过度而显木讷的大大眼睛和无辜的神情，很心痛，全不理会工人们七嘴八舌地议论说白天见猫头鹰不吉利，要把它杀了之类的话，把它放在树上准备带回去养。谁知那天特别忙，加班到晚上，走得匆忙，就将这事给忘了，直到第二天上工地时才想起。这只猫头鹰因挣扎过度从树杈上悬挂下来，吊了一夜，已经断了气。一时间，我脑海中冒出“我不杀伯仁，伯仁却因我而死”的念头，难受了好几天。

当时圆明新园大部分地方还是荒林，夜晚的山林里仍然听得见猫头鹰叽叽咕咕的声音。这只猫头鹰不知道先被哪个施工队的人抓住了，千方百计地逃了出来，最终还是没能逃过这一劫。我虽然知道这座山林中的猫头鹰迟早都会是这样的命运，但这只猫头鹰的眼神时时牵动着我的心，以至于后来去圆明新园游玩，还会想起那悬吊着的、灰暗的不起眼的身影。

我无法做一个彻底的环保主义者。满大街的食肆招牌不是蛇就是雀，看着酒家门前铁笼中羽毛凋零的孔雀、神情萎靡的狸猫之类的动物，所有的恻隐和愤怒只会轻如鸿毛。食客们剔着牙齿，一脸怪异地看着你的愤怒，所有的说教只会四散飞扬。《北京青年报》“动物与人”栏目里也只能说“让我们深切悼念本世纪以来在人类统治下提前灭绝的 5400 多种动物。我们已经失去很多，但愿我们不要赶尽杀绝”。

现在很多城市都提出要发展生物多样性，建设生态城市系统。我并不质疑技术上我们有能力实现这样的目标，说不定还会有许多的国际获奖项目。我只是关心这个城市生态系统能否合理地成为自然界生物圈的子系统。

城市无疑是人造文明的集散地，原有的生态环境是无论如何也恢复不了的，我们要做的，只能是尽量地出于人道的立场，创造出另一种以人为本的人造生态系统，让被城市占领前这片土地上的生物仍被关爱且有继续生存的可能。这需要我们重新确定自己的位置，要以更加宽容甚至谦卑的态度看待所有的生命。如果我们的嚣张将其他的生物挤到逼仄的角落，从整个地球生态的角度去看，谁还对人类的宽容和博爱有信心？

宠物记

我从小在独山县医院宿舍居住，一层的平房，还有一些空地，外婆在空地种豆、种瓜，顺便养一些小鸡，还养过狗守家。我记得养过一条小黄狗，还是小奶狗的时候就抱到家里，会撕咬家里的书本，被狠狠训斥过，后来逐渐长大，还会护送我上幼儿园，怎么撵它也不走，要确定我进了幼儿园之后才自行回家。后来家中无人时，小黄狗被入室行窃的盗贼打死了，我们一家伤心了好久，之后就再没有养过狗。小狗黑黑的眼珠子亮晶晶地盯着你的时候，能感觉到它的情绪，快乐地、渴望地、充满爱意地与主人互动。丰子恺的《护生画集》真正从动物的立场，看待与我们同处在这个世界的生命。日本动画大师宫崎骏的作品中，我们可以感受到每一种生物都并非依附人类存在，而是有它自己的生存状态，并且各自都努力过着自己的生活，作为主角的人类只是万物中的一个，而非万物的中心。

鸡

从前看金庸的《射雕英雄传》，服气于他的笔力，在结构上宽可跑马，细节上密不透风。一开始写乡村私塾先生的女儿包惜弱心慈，家里养很多鸡啊、鸭啊舍不得杀，“是以家里每只小鸡都是得享天年，寿终正寝。她嫁到杨家以后，杨铁心对这位如花似玉的妻子十分怜爱，事事顺着她的性子，杨家的后院里自然也是小鸟小兽的天下了。后来杨家的小鸡小鸭也慢慢变成了大鸡大鸭，只是她嫁来未久，家中尚未出现老鸡老鸭，但大势所趋，日后自必如此”，见缝插针地幽了一默。

杨铁心惹祸要逃亡，包惜弱道：“这些小鸡小猫呢？”杨铁心叹道：“傻孩子，还顾得到它们吗？”顿了一顿，安慰她道：“官兵又怎会跟你的小鸡小猫儿为难。”草蛇灰线，伏脉于千里之外。

看电视剧《潜伏》，余则成说翠平就是只老母鸡，天天就围着小鸡转。电视剧结尾时两人在机场诀别，千言万语，尽在余则成奇怪的学母鸡叫着转的动作里。音乐声响起，我和翠平一起泪流满面。

我从小养鸡，至今仍然记得一只叫“胡子”的母鸡，因为下巴有丛白毛，所以给它取名“胡子”。胡子孵蛋时认认真真地趴在窝里，哪怕我到窝旁逗它，摸它下巴的那丛白毛，也很有尊严地置之不理。后来升级做了鸡妈妈，幸福骄傲得不得了，整天带着一群小鸡在地里东刨刨、西抓抓，发现了可吃的，便慈爱地呼唤它的儿女。有时我感慨：连我都这么爱听小鸡幸福的叫声，它妈妈肯定更陶醉。晚上，胡子会蓬起它温暖柔软的翅膀将它的孩子罩在羽翼之下，偶尔有一两只不老实要钻出来，它轻轻咕咕两声，仿佛告诫不听话的儿女。胡子以前见到阿猫阿狗会怕得不得了，但是自从有了小鸡，阿猫阿狗意图侵犯它的宝宝时，它会愤怒地张开全身的毛，一决生死的气势令敌人望而却步。小时候好奇，有一次匍匐在胡子的身边，从它的视角看大人们进进出出，看周围小灌木丛和菜地里的植物，似乎有种全新的视野，至今印象深刻。

2008年春节，买了只母鸡准备过年杀了做汤底，结果它开始下蛋，于是就留下了它的命。后来，这只母鸡渐渐被当宠物来养，我双休日有空的话，都会带它到小区角落的花园里，刨刨土，找找小虫，吃点新鲜杂草，然后心满意足地回家。总有好奇的孩子两眼放光地叫：快看，有只鸡！它羽毛丰盈，神清气爽，轻易不理人，也不怕生。晚上我会放它进家，在客厅里它悠然地踱步，靠近音箱听电视的音乐，一边梳理它的羽毛。有时我吃瓜子，它会伸长脖子等着，最爱的是我们啃剩下的鸭脖子，啄得津津有味。白天下了蛋，骄傲地提醒我们该给好吃的了。害怕咯咯声引起邻居投诉，我们都是迅速将它的奖励送到。后来蛋下多了，想做妈妈了，于是开始没精打采，毛也不停地掉，放它下去也没有往日的神气。我们有心让它做妈妈，可是不知道哪儿可以买到受精蛋，找个公鸡来陪吧，天天打鸣，养了两天就被邻居投诉了，也没辙。

2009 年的夏天，我家的宠物鸡开始掉毛，脖子部分的毛脱落了很多。早上放它出来，先是爬到窗台上，对着玻璃梳理，梳理够了就哆、哆、哆地啄玻璃，将老妈吵醒，给它喂吃的，但是再也没有了以前下蛋时候的神气活现，懒懒地没劲头。我们家在饭桌上讨论它以后的命运，老妈和黄先生都建议杀了，我和儿子坚决不同意，最后的结论是如果本月它仍然不下蛋，就杀掉吃肉。

也许由于恐惧于命运的安排，夏天结束，这只鸡又开始下蛋了，一直下蛋到冬天，但它最终没能过把当妈的瘾。一年后，还是没有逃脱下汤锅的命运。吃鸡的时候，我和老妈瞒过儿子，说这只鸡是重新买的，家里那只送人了。算来它做我家的宠物鸡，已经有两年多。

君子远庖厨，仅此而已。

猫

1991 年夏天，我在上海转车回贵州的时候，正好赶上华东水灾，火车站里挤满了因为车次取消、晚点而滞留的旅客。正巧有位做生意的大姐牵着一只小橘猫寻找领养者，于是我与这只小猫经历检票、翻窗进火车占位等惊险时刻，安然到家。一路上它都极其配合，吃吃睡睡，淡定处之。从此，它成为我家中一员，两年后被人打伤眼睛，伤病不断直到去世，算是陪伴我最久的动物之一。因它去世时的惨状，我好久没有再养动物的勇气，也是害怕另外一种生离死别。

2019 年 12 月，因为家中闹鼠患，黄先生从隔壁菜市场老板家刚出生的小猫中挑了一只抱回家，是一只狸花猫，黑色为底，黄毛和白毛相间，给它取名黄小米。黄小米机灵活泼，在 2020 年初因疫情封闭期间，给全家带来不少欢乐。黄小米不但尽职尽责地将家中的老鼠全部抓获，还经常巡视各种有异动的生物，于是蟑螂、壁虎，甚至飞蛾、苍蝇，都是它的抓捕对象，它不仅监视动物，家中有包裹来，也要过来巡检一下，闻闻有没有特别的危险气息之后才离开，被戏称为家中的黑猫警长。

我们散步时也会带上小米，有时候看到它渴望的眼光，会放手让它在小区自由撒野，之后又花大半天去引它回来。有天夜晚，它从二楼掉下去，半夜在我们卧室楼下凄声惨叫，我半晌才分辨出它的声音，下到一楼呼唤它的名字。小家伙箭一样蹿出来跳到我肩膀上，刹那间感受到它全身心的依赖和信任，很感动。

小米到了发情期，兽医建议尽早做绝育手术。我不舍得它没有机会做妈妈，于是放它到小区里自由恋爱，于 2021 年 3 月 9 日生出四只可爱的小猫崽。小猫崽们渐渐长大，天天清晨趴在我们卧室门口，门一开就溜进来，爬帐子，爬桌子，打闹嬉戏。

小猫崽满三个月后，我和一家宠物店老板约好，将四小只送到宠物店寻求领养。四小只进电梯时就开始惊天动地地叫，小米则在屋子里叫，放它出来后不停地呼唤寻找自己的小崽。因为宠物店的条件太差，我们又把四小只带回来，小米有一次有意无意地抓我的大腿，以发泄自己的不满。最后还是通过一个猫咪送养网站，找到几位爱猫人士领养，并保持联系，如果没条件养下去，再送回来。送小猫崽出门的时候，恍惚有种送女出嫁的空虚。

任何一种生物，因自己对儿女之爱，都会无端生出崇高纯洁的情怀。物种需要繁衍，但是都要面临竞争的命运，任何一种动物的生存环境，在人类干预的阴影下，都会有难以预料的变局。人类在和平时代自然可以与动物和谐相处，一旦兵荒马乱自顾不暇，丛林法则还会主导这个世界。美国导演克里斯托弗·罗利拍摄过一个名为《人类消失后的世界》的科幻片，分别预演了 100 年、200 年、500 年之后的场景，建筑坍塌，城市荒废，绿色的植物和野生动物“侵蚀”人类的家园，成为人类离开后新的主人。

在当下的世界，生存是多少物种的最低限的目标。我自己只能保证从最基本的生物圈视角，平视那些与我相处过的动物们，给它们冠以宠物之名，好好地照顾它们的生活，让它们最大程度获得安全与快乐，我自己也在和它们的相处中获得快乐。在职业允许的条件下，要给城市里的物种们营造更理想的生存发展空间，在郊野及人类足迹所不及的地方，尽可能地让动物们免受人类的侵扰，保护它们的家园。

园景

古典名园记

大学时在南京读书，借实习机会走了不少江南名园。在深圳工作时，因为项目机会也考察过岭南四大名园，也经常借出差开会的机会，游览过皇家著名的园林。周维权先生的著作《中国古典园林史》在绪论的开篇提及生物圈的视野，强调城市是人类文明的产物，园林是依附于城市的“第二自然”，在人工环境里追求自然，是园林发展的推动力量。这个认知我深以为然，大学时学习中外园林史，并未结合中外城市史和建筑史同步推进，只能有一些感性的认知。工作多年以后，在游历中长了一些见识，才渐渐知悉游赏古典园林的方法和视角。周先生在书的结语里系统论述了中国古典园林是中国的封建农业经济、封建集权政治的产物，19 世纪末，古典园林随着封建社会的解体而没落，中国新园林也经历现代化的启蒙。与思想的发展和技术的进步同步，西方的园林史也有相似的发展历程。东西方互相影响，彼此融汇，参观中外古典园林，也算是研读了中外人居环境的发展历程。中外古典名园多半已经成为历史遗产，为全人类共有。研究中外古典园林的文章浩如烟海，我仅以自己的文学感知，简单点评那些我见过的古典名园。

江南名园

最有历史感的园林：南京瞻园。南京瞻园号称“金陵第一园”，或许与六朝古都的历史关联。瞻园历经明、清、太平天国、民国与当代，其历史意义远高于造园艺术价值。太平天国时期，瞻园为东王杨秀清王府，园中辟有太平天国历史博物馆，是中国唯一的太平天国专史博物馆。民国时，江苏省长公署、国民政府内政部、水利委员会、中统局、宪兵司令部看守所等机关曾设园内。瞻园是著名的假山园，全园面积仅 8 亩，假山就占 3.7 亩。北假山、南假山连同中部的静妙堂、山前水池，构成瞻园的基本园林景色。南假山本已不存，1958 年刘敦桢先生主持修缮时复建，同时又新建了西假山。北假山位于瞻园北面，面积 1100 平方米，系明代园林遗存。西为土山，北为石山，东抱曲廊，夹水池于山前，山中还有著名的普静泉，水面清澈澄净。石山体积虽大，却是中空，山中有瞻石、伏虎、三猿等洞壑。瞻园以山水为主要的造园主体和视线中心，建筑围绕其布局。我从 1989 年入校后就去游览，之后又先后实习几次，这里算是我们入门级别的园林启蒙作。

最有戏剧感的园林：苏州拙政园。童寯先生的《江南园林志》里提及园林的世界是一个逝去的世界。明代书画家文徵明绘有《拙政园三十一景册》。1991 年我们班到苏州园林实习时正逢华东大水，入园的时候雨势时大时小，游人很少，坐在回廊里绘制钢笔写生画，全身心沉浸其中，倒是从微雨里体会到古典的意境。江南园林多半是私家园林，作为体现主人有钱有地有品位的宅园，营造时的审美趣味，建好后的生活场景，往来无白丁的名人雅集，是我们这些现代人无法体味到的。拙政园从东区到中区再到西区，是难得的大宅园，倒是让我脑补出一幕幕《红楼梦》的场景，例如怡红院、潇湘馆、稻香村、蘅芜苑等，园林的灵魂才能被赋予其中，不然眼前的建筑、道路、山石、水体、树木，只是物质上的存在罢了。返程时，苏州到南京的铁路两旁的村庄已经是汪洋一片，两条细细的铁轨无限延伸，真正有一种魔幻现实主义的空阔的视觉印象。

最有声色感的园林：苏州网师园。网师园应该是每个专业及非专业的人都喜欢的苏州园林，1991 年初入网师园的第一印象就是气象清新，色彩明亮，尺度宜人。网师园分三部分，东部为住宅，中部为主园，西部为内园（风园）。网师园按石质分区使用，主园池区用黄石，其他庭用湖石，不相混杂。整个园林以水为中心，环池亭阁彼此错落映衬。北侧小轩三间“殿春簃”的仿版出现在美国纽约大都会博物馆，成为中国古典园林走向世界的模本。网师园空间分隔很多元，围绕中部水池，真切体会到步移景异的空间感知。2010年到苏州参加国际风景园林师联合大会，特意去夜游网师园，远远地隔水听着丝竹声不断，昆曲悠扬，一唱三叹，依稀是旧时韵律。2010年的夜晚，人头攒动，200年前的1810年，嘉庆年间，昆曲已经渐成气候，这个园子的表演人群和观演人群想来是截然不同，我的感觉还是很疏离。

最有个性的园林：扬州个园。与去苏州实习时的雨季不同，去扬州个园实习的时候，春光明媚。个园是一处典型的私家住宅园林，全园分为中部花园、南部住宅、北部竹园。园门后是春景，夏景位于园之西北，秋景在园林东北部，冬景则在春景东边。个园门外两边修竹高出墙垣，竹丛中插植有石笋，取“寸石生情”之态，“雨后春笋”之意，竹石点破“春山”主题。夏景叠石以青灰色太湖石为主，造园者利用太湖石的凹凸不平和瘦、透、漏、皱的特性，整个叠石似云翻雾，尽展夏日天光情趣。秋景是黄石假山，用粗犷的黄石叠成，山顶建四方亭，山隙内古柏斜伸，倚伴嶙峋山石。冬季假山在东南小庭院中，倚墙叠置色洁白、体圆浑的宣石（雪石），宣石假山内含石英，迎光则闪闪发亮，背光则耀耀放白。又在南墙上开四行圆孔，利用狭巷高墙的气流变化所产生的北风呼啸的效果，营造冬天大风雪的气氛。

最快意的园林：无锡寄畅园。寄畅园坐落在无锡市西郊东侧的惠山东麓，现在是无锡锡惠公园的一部分，假山依惠山东麓山势作余脉状，引山泉入园，并巧借锡惠两山风光，风格更具自然之美。又构曲涧，引“二泉”伏流注其中，潺潺有声，世称“八音涧”。我当年在无锡实习时，很喜欢寄畅园，一来庭院简洁，宅院功能清晰，二来借景惠山，按照今天的说法，无敌山景物业，天地生成无价景观。无怪寄畅园深得清朝乾隆帝厚爱，不但下江南必游，且北京颐和园内的谐趣园，圆明园内的廓然大公（后来也称双鹤斋），均为仿寄畅园而建。

最伤感的园林：绍兴沈园。与其他古宅园不同，绍兴沈园因为南宋诗人陆游和唐婉的爱情悲剧而闻名，其蕴含的戏剧精神和文学价值也是让后人凭吊的一些资本。1999 年元旦，我和老同学游绍兴，到沈园的时候虽然阳光散散，但是园内寂寂无人，历史感油然而生，倒是让我们在“钗头凤”石碑处好好感慨了一下这首流传千年的悲词。沈园几经翻修，多半是因为非物质的诗词得以传承，想来感慨不已。

岭南名园

读书时多见江南园林，到岭南后慕名到岭南名园参观，感慨其花木繁盛，生机勃勃，建筑风格大胆，古今混搭，中西合璧。不过倒也见怪不怪，毕竟岭南早年因交通不便，以黄河文明为主流的文化辐射范围有限，大南岭从地理和人文上都与其隔绝，被称为湿瘴之所，一直以来山高皇帝远，自得其乐。岭南园林兴盛于清，基本上传承明清私家宅园的构图原则。为了适应南方湿热的气候，建筑风格疏朗轻盈，因为不少园主见识过西洋建筑，一些细部中西兼蓄，吸纳了彩绘玻璃、卷拱廊架等欧式建筑元素。此外，岭南的砖雕、木雕、陶瓷、灰塑等工艺被不厌其烦地用在建筑装饰上，精巧秀丽。岭南园林多为商人建造，又有行商园林的称谓，但是由于江南园林淡雅轻灵的审美标准在前，有时不免感觉岭南园林俗艳繁复。不过顺德清晖园经历的几任园主，大多出自书香门第，其主体建筑以灰砖为主调，整体色彩浓淡相宜，古朴雅致，碧水、绿树、古墙、漏窗、石山、小桥、曲廊等与亭台楼阁交互融合，装饰也还得当。后又经政府几番扩建翻修，建筑材料大量运用清代套色雕刻玻璃，室内光影斑驳，活泼有趣。园内沐英涧入口上方保存的一套清乾隆年间的“羊城八景”玻璃制品，是仅存于世的清代旧羊城八景套色雕刻玻璃珍品，为国家一级文物。时间凝固在这些精工制作的工艺品里，也是岭南文化中重商、务实的见证。

东莞可园将住宅、庭院、书斋等完美地糅合在一起，建筑组群间又以檐廊、前轩、过厅、套间、敞廊等过渡空间连成群组，曲直长短随势，前通后连，变化随机，本着岭南园林的“顺其自然，改善自然”的设计原则，注重防晒、通风设计，使园林内拥有四时适宜的环境，即使盛夏入园亦倍觉清凉。主人张敬修金石书画、琴棋诗赋，样样精通，他广邀文人雅集，对东莞的岭南画派艺术影响深远。

佛山梁园则是集宅第、祠堂与园林于一体，也是清代岭南文人园林的典型代表之一。梁园自清代初建，后来几经复建，到今天作为佛山历史文化名城保护规划的重要地段，周边环境的改造一直未停止。从梁园出发，经仁寿寺、黄飞鸿纪念馆，到佛山祖庙、岭南新天地，是很有意思的游赏路线，古代的遗址和文物保护建筑与现代的生活情趣结合在一起，感受佛山作为中国四大名镇的辉煌历史与繁华当下，历史地块与新城区水乳交融的和谐，是很难得的体验。

余荫山房的砖雕、木雕、灰雕、石雕作品令人印象深刻。余荫山房面积不大，不过我对为人称道的“缩龙成寸”的造园手法感受不深，包括对浣红跨绿廊桥也未觉惊艳。只是登上阁楼，据说这是待字闺中的女儿居所，屋内光线昏暗，屋外女儿墙倒是有一些西式建筑的图案，遥想当年居住此间的女子，如何想象外面的世界，有些感慨。

皇家园林

1996 年上半年，我在北京的中央工艺美术学院（今清华美院）进修，闲暇时也到故宫、圆明园、天坛、地坛等地参观。北京平坦辽阔，在北京城里行走，两旁的建筑高度控制得不错，基本没有太压抑的空间感，行走其间，人也会舒坦自在很多。北京的古都风貌带着一种让人坠入时间深处的力量，而一些园林管理不善，不免粗糙了些。

因为史铁生的《我与地坛》与我的散文同收录入《1991 年散文年鉴》，2 月初春到地坛游览，特意选择近黄昏的时段，行走在空无一人的石板道上，历史的沧桑感有余，作为游客的体验舒适感不足。后来我撰文《史铁生与地坛》，简单论述过在古典名园里增加适合当下的文化设施的一些观点：北京的大部分皇家园林，尺度宏大，空间浪费得很多，其实完全可以根据新的游览需求和当下的空间共享的价值观进行适当修缮。

2009 年，参加中国历史名园保护与发展论坛，会议主办方组织参观了颐和园，并聆听了编钟宫乐演奏。可能习惯了江南园林的粉墙黛瓦的清新色系和轻灵尺度，对北方宫廷内的红柱琉璃瓦以及浓墨重彩的装饰风格颇为不适。而不少房间因为修缮不及时，呈现破败陈旧的景象，观之不由联想到那个王朝的种种恩怨，心情沉重。时近黄昏，远眺昆明湖和万寿山，视野空阔，头脑清明，精神为之一振，对标彭一刚先生所著《古典园林分析》，皇家园林胜在空间尺度宏大，俯仰间油然而生唯我独尊的感觉。

外国名园略记

2016 年游览欧洲时，对照了书本上的外国园林史、建筑史、城市规划史，才渐渐理解各国各时段的建筑、城市、园林之间的逻辑关联。科特金在《全球城市史》中概括城市的三个共同特征是：神圣、安全、繁荣。但是纸上得来终觉浅，到了实地参观，才明白西方的价值观和方法论，以及呈现的各种物象的由来。

西方建筑美学与数学密不可分，希腊的帕特农神庙严格遵循几何学中的黄金分割定律，构成了严谨的模数美学。古罗马时期，《建筑十书》的作者维特鲁威是一名军事工程师，推崇古希腊时期的建筑，《建筑十书》的内容从建筑理论、建筑教育，到城市选址、各种建筑物设计原理、建筑风格、柱式以及建筑施工和机械等，对文艺复兴时期的建筑影响深远。之后西方历经各种思潮，早年建筑师影响园林，意大利文艺复兴时期的建筑师和建筑理论家阿尔伯蒂在《论建筑：阿尔伯蒂建筑十书》中写道：园林设计与建筑设计一样，也应以精致的比例为目标。园林的要素应包括雕像、柱列门廊、蔓藤花棚、避暑洞室、流动的水、喷泉，以及花盆和常春藤缠绕的月桂、紫杉、柏树等植物。凡尔赛宫作为皇家宫殿园林，其设计师勒·诺特尔也是一位画家，他与建筑师配合得十分密切，根据美学原理和建筑法则在户外建立的深景组织方式，除了各种几何平面构图，在竖向上还根据不同的标高设定视线框景，很有趣。除此之外，我游览凡尔赛宫时正值初春，水池边的大树新芽绽绿，空间中流淌着自然的韵律，似乎是上帝在挥舞着画笔，浓墨重彩地点染风景，水池中的雕塑人物栩栩如生，充分展现着人体美。

2017 年，我去爱尔兰旅游时参观的爱尔兰宝尔势格庄园，融合了意大利台地园、法国古典主义园林以及英国自然风景园的特征。宝尔势格庄园初建于 18 世纪，原址是 12 世纪的军事要塞，设计师在原基址上进行重新布局，变化的场地标高给庄园的建造提供了丰富的造景条件。沿着中轴线下行，两旁分别是不同风格的园林，甚至还可以看到日式园林。宝尔势格庄园年代久远，大树成荫，空间中述说着历史，融会着诗意，建筑内也提供了相关的配套服务，很宜人。

城市公园记

我小时候在贵州省黔南州独山县长大，早年的欢乐游乐记忆来自春游、秋游时到郊野中观深瀑流泉，看乡村风景。但是那时候的县城并没有真正意义的公园，最羡慕从黔南州首府都匀来的人讲述他们经常到西山公园看猴子，这后来成为自己选择风景园林专业的初心之一。

公园绿地是城市绿地系统的重要构成，也是风景园林规划设计的最主要内容，我从业之后几乎每年都要到各地新建造的城市公园参观。这篇《城市公园记》以时间为序，管窥并记录那些让人印象深刻的城市公园。

最启蒙的公园：南京药物园

1989-1993年在南京读书期间，经常到南京林业大学门口的药物园赏玩，药物园是园林大师朱有玠的作品，朱大师精于诗歌、书法、绘画，很有文人气质。药物园空间变化精致，园林建筑小品很清雅。园内以植物造景为主题，里面的植物造景很有特色，以当地野生药用植物资源为主要造景材料，春天有桃花、樱花，秋天的色叶树种和苍松交相辉映，使这里成为家中亲戚来南京后必带他们去游览的景点。药物园是通往玄武湖的必经之路，我早年在大学期间不太安分，经常骑车到玄武湖游荡。除了春花秋叶，药物园也是欣赏冬天雪景的绝佳场所，还有一些郊野气息，野境背景下的滨水漫滩和凄清荒草，构成冬季别有意境的苍远景观。后来药物园改造，增加了玫瑰种植区，以及方便婚纱照拍摄取景的小品雕塑。1993年，药物园更名为情侣园后，我就没有再多去了。

吸引我择地而居的公园：珠海海滨公园

1993 年毕业前夕，我到珠海匆匆游览了一圈，阳光下的空气似乎闪耀着玻璃一样清新的质感。沿着情侣路先到珠海渔女雕塑参观，之后步行到旁边的海滨公园。公园地形起伏，棕榈树构成南国滨海风光，而公园内疏林草地、水池缓坡、林冠线颇有欧洲气息。1991 年，由中国旅游报社同原国家旅游局资源开发司共同主办，评选出的全国 40 处最佳旅游胜地中，珠海是唯一以城市景观入选的城市。或因珠海清新的城市气质与厚重的南京截然不同，匆匆游览之后我便决定毕业后到此地工作。1993—2001 年，无数次游览九洲城—景山公园—海滨公园—珠海渔女一线，也多次感动于珠海晨昏迥异、春秋不同的景色。尤其夏日夜晚，在海滨公园观风轻云白，周围群山逶迤，线条柔和，岛屿与海洋一起呈现出迤逦温和的天际线。2018 年，参加珠海市海滨公园和景山公园景观改造提升工程设计的珠海市“市长杯”设计大赛，和项目团队一道再次从城市景观尺度衡量、评价这两个公园，它们构成了香炉湾片区绝佳的景观风貌，也是珠海珍贵的绿色空间。

最深圳的公园：下沙公园

2002 年，我刚到深圳时住在下沙村，对下沙公园印象深刻：它敬天，融合了八仙过海等道教元素；它敬地，广场西部有土地庙，旁边有一棵大榕树，也被赋予神的功能，全身披红；它敬人，下沙黄姓是大姓，黄氏宗祠修得气派非凡。它现代，广场西面有一组雕塑反映渔民的生活，惟妙惟肖；它古典，门楼、亭台、宗祠，都有着原汁原味的岭南建筑特色。它最大的特色是巴掌大的地方，四方神佛，来者不拒，东西诸神，兼收并蓄。下沙村村委会以南的水池，东面有笑呵呵的弥勒，西面有卧倒的释迦牟尼，中间有持净瓶的观音，水池西南角就是寿星公，各路神佛大士，一起接受凡间的香火。

晚上各路人马在广场跳舞，打球，烧香，祈福，一排和谐，别有生机，也特别有人间的烟火气。每年的黄氏宗亲恳亲大会，万人食用大盆菜，成为一景。宗祠的门楼、休憩亭，色彩鲜艳，在一片灰色的火柴盒一样的楼房里，特别有一种纯粹的俗世感、动感和活力。

所有的外来户和本地居民，在这样的场所里，彼此慰藉，相互包容。多少人刚到深圳，先在租金便宜的城中村立足，到北面的车公庙打工，或者慢慢转型成企业主，到更北面的豪宅片区香蜜湖置业。因此，下沙—车公庙—香蜜湖，是研究深圳最典型的纵向样本。下沙公园的原住民们看得开生死，放得下身段，容得下外来的神和人。这是深圳灵魂，也是草根的深圳，原住民的深圳。

深圳作为改革开放四十年的见证，是世界城市建设史上的奇迹，多少外来人口纷至沓来，本地人口强势兼容，呈现出兼收并蓄的态势。作为建设中国特色社会主义先行示范区，异质共生让深圳具备更强势的遗传优势，人也罢，城市也罢，公园也罢，都如此。因此不能到处是鲜花盛开，高楼林立，乡土宗祠景观和原住民特色的村居公园的存在，同样是深圳最突出的城市特征。近年来，诸如南头古城、沙井古墟的改造，都体现了这种小心翼翼维护各种并存的异质景观的态度和方法，微更新是一种进步，也是一种必然。

最潮汕的公园：汕头西堤公园

2018 年 10 月，我作为广东省国家园林城市复检小组专家，到汕头检查工作，参观了汕头西堤公园，很惊艳。西堤公园是世界记忆名录侨批纪念地。作为优秀的纪念公园，建筑与场地、与内容、与环境艺术，结合得非常和谐。广场周边的铺装浓缩了汕头老城的街巷，并标上这些街巷的名字。广场的核心是半围合的螺旋下沉空间，一道流水漫过若干信笺一样铺装——设计师将侨民与家人的通信复刻于广场上，流水墙的中心设置回声装置，让人聆听自己脚步的回声。目之所及的，是侨民与家乡的书信联系，耳畔响起的，是远行者的记忆，是似水年华里的沉重太息。近代多少潮汕儿女下南洋，走西洋，为追求更好的生活，背井离乡，努力打拼。那些沉淀在流水下方的书信，曾经承载几多父母的牵挂，负担几多游子的思念，是春闺梦里人的情书，是烽火十月里平安的信报。

公园的绿地路径里也有“世界记忆名录”的相关展示，中国的有甲骨文（2017 年入选）、南京大屠杀档案（2015 年入选）、侨批档案（2013 年入选）、《本草纲目》和《黄帝内经》（2011 年入选）、样式雷（2007 年入选）；国外的有共产党宣言起草手稿（2013 年入选）、托尔斯泰手稿（2011 年入选）、安徒生手稿（1997 年入选）、贝多芬第 9 号交响乐手稿（2001 年入选）、地球资源卫星计划记录（2011 年入选）、库克船长航海日志（2001 年入选）。汕头西堤公园将非物质文化遗产的内容，结合户外空间的布局，构建公园历史文化的场景，彰显公园的特殊意义，是个有魂魄的公园。

现代城市公园的鼻祖：纽约中央公园

1856 年启动设计的纽约中央公园位于美国曼哈顿城市中心，与自由女神像、帝国大厦同为纽约乃至美国的象征。“在城市公园里再现田园生活”是纽约中央公园的设计理念，也让风景园林学（Landscape Architecture）成为建筑学、城市规划之后的人居环境重要学科诞生的源泉。随着中央公园的建成，其周边地区掀起了城市开发的浪潮，促进了曼哈顿中央商务区的发展，而曼哈顿中央商务区也逐渐成为纽约经济发展的催化剂。设计师奥姆斯特德后来在哈佛大学设立第一个风景园林专业，被称为风景园林学之父，而纽约中央公园也成为每个从业人员的打卡地。2013 年，我在美国参加完 ASLA 大会，跟随旅行团匆匆到纽约中央公园转了一下。公园参照了英国自然式风景园林，尽可能提供人与自然互动的空间，在纽约城市中心地区预留了足够面积的城市绿地和疏密有致的生态空间。园内还根据民众的选择，建设约翰·列侬纪念花园。中央公园的运营是漫长的民主决策的过程，随着时代的进步，不断增加的设施为周边市民以及慕名而来的游客提供了多样性的体验，园内通道除了跑步道、必要的救护型车道之外，还有马车道、遛狗道，尊重人们享受自然的选择，还为周围高楼的居民提供了防灾避险和疏散通道。

有演讲角的公园：伦敦海德公园

2017年，我随团前往英国、爱尔兰参观，特意到海德公园游览。海德公园位于伦敦大区威斯敏斯特市，占地160万平方米，是伦敦最知名的公园，也是英国最大的皇家公园。海德公园有著名的演讲角，保证有诉求的市民自由发表意见。戴安娜王妃纪念喷泉于2004年建成，成为当年伦敦最热门的旅游景点。这座喷泉从设计的初始就利用电脑模拟出水流翻滚、跌落、涌出气泡的复杂动态过程，并利用汽车行业使用的模型交互软件生成精确的3D模型，建造出一个复杂的花岗岩雕塑。设计构思之精巧，技艺之高超让人赞叹不已。

看见梅花鹿的公园：爱尔兰都柏林的凤凰公园

2017年英国、爱尔兰旅行的行程里包括了都柏林的凤凰公园。凤凰公园也是一个巨大的绿色开放空间，先后有动物园、纪念园、鹿苑等建成，体现了规则式纪念园林与自然式风景园林结合的特征。公园内放养着几百只小鹿。园中道路纵横，爱尔兰总统府和美国大使官邸也坐落其中。我们到凤凰公园之后，不但对它巨大的尺度叹为观止，而且对驯养梅花鹿的鹿苑赞叹不已。导游提示我们，鹿苑作为早年皇家专属，不是每个人都可以看到的。场地太大，我们在有限的时间内转了一圈，只是远远地望到一群梅花鹿悠然闲逛，没有近距离和它们亲近，遗憾而归。

游乐园记

小时候住在医院宿舍。医院位于城郊接合部，宿舍区旁边有一片桃花林，我们一群大院的孩子经常到林子里捉迷藏。树林里有假山，假山中有洞穴，我和小伙伴们一起用干稻草在洞内铺床，还用竹子扎起来做了一个虚掩的门，做了几次过家家的游戏，也算是童年的乐园。

游乐园多半是孩子们的快乐天地，幼儿园时期那个大象滑梯，我至今仍然印象深刻。在都匀西山公园看猴子之后到游乐场玩碰碰车的快乐至今难忘。后来知悉乐园的建设多半会涉及土地、建筑、机械、管理运营，游乐园的建设与运营是需要计算投入、收益的经济行为。回顾那些经历过的游乐园，能存在得久远，不断吸引人们前往的，多半是定期做可持续发展规划的，且已经成为很多人童年中快乐的符号。他们能将这样的快乐延续到下一代，也是另外一种传承。

1843 年开放的丹麦趣伏里公园应该是首个结合童话主题建造的游乐园，还影响了安徒生的创作，后来乐园内的锡兵表演也参考了安徒生的作品。据说趣伏里公园还激发了迪士尼乐园创始人的灵感，华特・迪士尼委托斯坦福大学研究院的哈里森・普莱斯进行选址策划。根据报道，哈里森做了 150 个方案，综合了天气、交通便利性以及盈利性等多种因素，最终选址洛杉矶郊外的安纳海姆。迪士尼乐园结合影视形象策划出不同的场景体验，并开发出不同的表演秀和周边产品，是至今最成功的主题乐园。

珠海的珍珠乐园

1992 年大学时期到无锡实习，不少同学相约到无锡太湖乐园游玩。因为不是实习目的地，门票和单项游乐设施都需要自费，我就没去。直到 1993 年工作后，兜里有钱了，才到珠海的珍珠乐园玩了个够。珍珠乐园位于美丽的唐家湾畔，建筑色彩清新，尺度宜人。园区实行的是通票制，可以不限次数游玩园内项目。有一次和黄先生过去，一口气坐了几次过山车，我对他开玩笑说这是把我这辈子的过山车都坐完了。中山大学保继刚教授对主题公园有诸多著述，早年读过他写的关于深圳、珠海的主题公园的论文，理性分析珠海珍珠乐园与深圳的锦绣中华的可持续发展问题，提到 1992 年珍珠乐园就亏损严重。但是据我的体验，这里虽然人流不多，却正好让人玩得尽兴，比起人满为患，处处需要排队的深圳欢乐谷，可能我还是愿意选择珍珠乐园。2019 年，珠海发布公告，于 2021 年启动珍珠乐园更新。未来的珍珠乐园新面貌很让人期待。

香港的海洋公园和迪士尼乐园

1977 年开业的香港海洋公园是主题乐园的典范之作。从布局上看，充分利用了山海相连的地势，园内的高峰乐园及海滨乐园两大主景区以登山缆车和海洋列车连接。2000 年，我初次到海洋公园游览，坐在缆车上看风景，真的是海水深绿，青山隐隐，蓝天白云，海风习习，海洋水族馆内巨大的观赏池也让人叹为观止，充分体验到海洋世界的奇妙。

2006 年暑假，我带儿子到香港迪士尼乐园游玩。可惜当时的儿子对迪士尼动画不太感兴趣，看的反而是我们经常给他讲的黑猫警长、虹猫蓝兔等童话，因此对童话大巡游时的一堆动漫形象没有觉得多感动。只有在太空山内乘坐过山车穿梭飞驰的时候，我吓得惊叫，儿子充当了保护神的角色，小家伙得意满满。

同城比较的话，海洋公园较迪士尼乐园更具备空间变化的多样性，对香港人而言有极高的性价比。华南区域比较的话，深圳欢乐谷的呆板的游乐内容不比迪士尼差，广州随后修建的长隆动物世界更得孩子们的欢心，华南区域的游客也在比较之后再次光临迪士尼的概率不大。全国区域比较的话，上海后来修建了面积更大、内容更丰富的迪士尼乐园，同时上海的区位优势可以吸引更多区域的客源。

深圳的华侨城系列

华侨城早年开发的“锦绣中华”以微景观取胜，“一步迈进历史，一日游遍中国”的宣传口号很快获得认可，民俗文化村也是以中国特色民俗为造园题材，获得极大成功。后来的“世界之窗”，将题材扩大到全球，满足了当时不需出国消费但能一览全球著名景点的需求，也迅速获得很好的口碑和经济效益，之后在长沙、北京都有类似产品。随着中国经济发展，大家有更多的国内游和出国游览的机会，这些仿制品的式微是必然的趋势。

但是华侨城片区总面积 4.8 平方千米，不但包括主题公园区，还有居住区、工业区、教育区、文化休闲区等。华侨城的规划由新加坡规划大师孟大强操刀，整个区域如同一个大景观区，道路曲折有致，随地形起伏，区域内大树成荫，花团锦簇，深南大道进入此段，都分外优雅迷人。锦绣中华、民俗文化村、世界之窗在深南大道以南，北面有欢乐谷，还有暨南大学深圳旅游学院、燕晗山公园等。华侨城采用滚动开发的模式，坚持以文化促旅游，以旅游带开发。

与华侨城一路之隔的是深圳园林花卉博览园，在 2005 年展会结束后，政府曾有意让华侨城接管这里。但是华侨城综合研判了区域发展条件，以及内部改造的可行性之后选择放弃。我们曾经有机会与华侨城的管理人员一道，前往青岛商洽青岛世园会的开发管理运营，当地政府也有意让华侨城前期介入，承担部分展园建设职能，并接管后续经营，但是华侨城关注的是投入与产出比，跟当地政府的目标有些不一致，最终还是没有成功。

后来，华侨城在深圳湾段滨海大道北侧开发欢乐海岸，将其定位为“都市娱乐目的地”，除了影视娱乐、购物中心外，曲水湾聚集了中高端餐饮以及特色酒吧等休闲场所，中央水秀每晚的演出也聚集了不少人气。我的家人节假日的时候都喜欢到欢乐海岸看电影，吃饭，休闲，外地亲友来，也会带他们过来游览，行程还会包括深圳湾滨海休闲带，算是很有深圳特色的旅游线路策划和旅游组织了。

美国环球影城

2016 年和儿子到美国西部游览，到洛杉矶时先去好莱坞星光大道和举办奥斯卡颁奖礼的杜比剧院参观，沉浸在浓郁的美国电影文化氛围中，之后在迪士尼和环球影城之间选择了后者，毕竟儿子也看了不少好莱坞电影，《侏罗纪公园》《速度与激情》《阿波罗 13 号》《变形金刚》等。环球影城借助其影业公司出品的经典电影，建设了这么一座主题乐园，里面有根据《侏罗纪公园》策划的水上游线，根据《变形金刚》策划的室内惊险之旅，根据《速度与激情》等策划的小火车游线。这些游览路线的场景组织和互动装置都设计得不错，让观众在共情或回忆电影情节的过程中体验各种游乐项目。环球影城立足于好莱坞电影世界的创意，应该还可以收获一大波影迷。

筑景

亭台楼阁记

园林建筑是建筑的分支。宗白华在《美学散步》中提到中国特有的飞檐，体现的是飞动的美，中国古代文人处理空间时，体现了“可行，可望，可游，可居”的特点。园林中的亭台楼阁，都体现在风景中的“观”的立场。观与被观，正如卞之琳的诗意：你站在桥上看风景，看风景人在楼上看你，明月装饰了你的窗子，你装饰了别人的梦。

《园冶》提及园林建筑时，说到：“轩楹高爽，窗户邻虚，纳千倾之汪洋，收四时之烂漫。”因此园林建筑的布局，多半能借景、点景，也自成景观，成为对景、隔景的场所，诗人们驻足观景而有感抒情，写下若干诗词篇章。

苏州沧浪亭：因歌传世

1991年，我们到苏州实习。苏州宅园众多，沧浪亭以亭取胜。因为喜爱它的名字，我不但认真地绘制了沧浪亭的钢笔画，还临摹了一两个沧浪亭复廊的漏窗样式。后来学园林文学，与沧浪亭相关的历史可以说是一部浓缩的园林诗文史。“沧浪之水清兮，可以濯吾缨；沧浪之水浊兮，可以濯吾足。”最早出现于战国时期的《孺子歌》，屈原《楚辞·渔父》原文是：“渔父莞尔而笑，鼓枻而去，乃歌曰：‘沧浪之水清兮，可以濯吾缨。沧浪之水浊兮，可以濯吾足。’”《孟子·离娄》有提及：“有〈孺子歌〉曰：‘沧浪之水清兮，可以濯我缨；沧浪之水浊兮，可以濯我足。’”五代时，沧浪亭是吴越国节度使孙承祐的池馆，后北宋诗人苏舜钦以四万贯钱买下废园，改造为宅居，造亭时感于此词句，题名沧浪亭，自号沧浪翁，并作有《沧浪亭记》。有意思的是，大儒欧阳修应邀作《沧浪亭》长诗，诗中以“清风明月本无价，可惜只卖四万钱”题咏此事。明代归有光写有《沧浪亭记》，提及沧浪亭曾经为僧庵的历史。

清代学者梁章钜分别摘录欧阳修的诗和苏舜钦的诗，集得“清风明月本无价，近水远山皆有情”对联，刻于沧浪亭。

沧浪亭还见证了苏州的历史。民国时沧浪亭复建，并设美术专门学校，汪伪时期设江苏国学社，抗战胜利后给河南大学文学院暂用。新中国成立后，朱德委员长视察苏州时所赠10盆川兰及《兰花谱》置于该园。2000年，沧浪亭被联合国教科文组织列入“世界遗产名录”。

我也深爱沧浪歌，沧浪之水清澈，那就洗头吧，沧浪之水浑浊，那就洗脚吧，这是源自顺其自然、顺势而为的达观，声韵悠扬，气度豁达。屈原的“安能以皓皓之白，而蒙世俗之尘埃乎”，是完美主义与高洁的精神。不与暗黑力量同流合污而自沉，终究是稀缺之品，大多数的凡人在俗世里，都会视趋势而动。苏州，也在沉浮中经历2600多年的历史。苏州的风物，在安居的园林，在江南的水乡，也在承载着沧浪之水的沧浪亭。曾于1993年写《少年游之江南三章》，沧浪亭作为苏州重要的文化符号，出现在诗中：

江湖十载风烟行，姑苏三秋隐士心，
小桥流水峰叠翠，濯缨濯足沧浪亭，
婉转歌喉听吴越，铿锵虎丘觅剑声，
长街落雨流花巷，茉莉香萦石板径。

登封观星台：历史深处的科学智慧

2010年世界遗产大会将登封“天地之中”历史建筑群列入世界文化遗产，包括周公测景台和登封观星台、嵩岳寺塔、太室阙和中岳庙、少室阙、启母阙、嵩阳书院、会善寺、少林寺建筑群（包括常住院、塔林和初祖庵）8处11项历史建筑。根据国家文物局发布的说明，这组建筑跨汉、魏、唐、宋、元、明、清，是中国历史跨度最长、建筑种类最多、文化内涵最丰富的古代建筑群之一，分别代表不同时代的各类主导文化。周公测景台和登封观星台是古代科学、教育和信仰体系的物质见证，嵩阳书院是儒学中理学的开创地，佛教系列建筑包括北魏时期的嵩岳寺塔、会善寺、少林寺，道教建筑代表有中岳庙。由太室阙和中岳庙构成的礼制建筑群，是古代祠庙建筑群空间处理的优秀范例。太室阙、少室阙、启母阙建于公元2世纪，又称为汉三阙，雕刻精美，有很高的艺术价值。

2020年，参与河南登封“嵩山历史文化传承与文旅融合示范建设”项目，项目依托“天地之中”历史建筑群中需要修缮的项目，结合嵩山风景名胜区重要景区改造，选取少林景区中的永泰寺、少室阙、会善寺、老君洞、嵩阳书院、崇福宫和启母阙进行文保建筑修缮和景区旅游配套服务优化。

按照国家文物局发布的说明，周公测景台和登封观星台是“天地之中”宇宙观形成的最直接、最具说服力的证据，周公测景台最早是西周为测日影、定地中而建的土圭，唐代在其旧址上仿旧制建成了留存到现在的石圭测景台。观星台为元代天文学家郭守敬所建，是当时27个天文观测站的中心观测点，见证了当时世界上最先进的历法——《授时历》的测量演算过程，是中国现存最古老的天文台，也是世界上现存最早的观测天象的建筑之一。因为登封以少林寺为代表的人文景观太出名，这些“天地之中”历史建筑分布较散，与嵩山景区的游赏组合也不太紧密，因此游人并不像少林寺那样众多。我们从嵩山景区下来之后还专门到观星台参观，进入景区的时候，古朴苍劲的松柏衬托出观星台建筑的沧桑，倒是比少林寺的喧嚣更能触动人心。

周公测景台明确了冬至、夏至、春分、秋分的划分。在郭守敬之前，唐代僧人一行已经在会善寺置五佛正思惟戒坛，使其成为嵩洛地区的佛教中心。一行设计建造的水运浑天仪既能演示日、月、星辰的视运动，又能自动报时。此外，一行还制定了大衍历，把冬至作为太阳视运动的近日点，夏至为远日点。郭守敬被喻为13世纪末、14世纪初最伟大的科学家，他的科学成果不仅在中国，而且在全世界都是非常卓越的。他涉猎的科学研究包含了天文、数学、物理、水利工程各个方面，修订的《授时历》除了在天文数据上有所进步之外，在计算方法方面也有重大的创造和革新。他还提议开凿通惠河，保证了京杭大运河的通畅。

观赏观星台建筑的时候，很向往能在星星明亮的夜晚，真正登高仰观天文，感知那些源自周公、一行、郭守敬的来自历史深处的智慧。因此，我将登封项目的总体理念定义为“天地之中，纵横捭阖”，并为几个重要景点各自赋诗，表达一下身为中国人的自豪与敬意：

观星台：观星测景，回溯周公，日月阴晴，春夏秋冬。

中岳：山高为嵩，天下之中，五岳格局，端方从容。

汉三阙：少室逶迤，太室恢宏，启母传奇，三阙镇中。

中岳庙：太室山祭，黄盖为峰，门名中华，道连晋宋。

嵩阳书院：程门立雪，不改初衷，阳明讲学，儒学大同。

少林寺：达摩修习，祖庭禅宗，唐王传奇，扬名武功。

武汉黄鹤楼：百年变局中的城市符号

2009 年，我受武汉市相关部门委托，协助编制武汉申报第八届中国国际园林花卉博览会的相关文件，在实地调研之际第一次登黄鹤楼。黄鹤楼始建于三国时期，以军事功能为主，唐代初具规模，崔颢那首著名的《黄鹤楼》使其名声大振。

黄鹤楼屡建屡废，仅在明清两代，就被毁 7 次，重建和维修了 10 余次。现在重建的楼竣工于 1985 年，登高可望武汉长江大桥。按照清代时期的图纸修复，主楼为四边套八边形体，钢筋混凝土框架仿木结构，飞檐五层，攒尖楼顶，顶覆金色琉璃瓦。毛泽东的《菩萨蛮 · 黄鹤楼》写道：“茫茫九派流中国，沉沉一线穿南北。烟雨莽苍苍，龟蛇锁大江。黄鹤知何去？剩有游人处。把酒酹滔滔，心潮逐浪高！”单是一句“烟雨莽苍苍，龟蛇锁大江”，眼界、胸襟、气度便横扫之前文人诗词的酸腐气。

2017 年，为纪念武汉长江大桥建成通车 60 年，写过一首《忆武汉》，以流动的光影提及武汉的意象：

三镇鼎足锁龟蛇，六湖桥通蓄雄才。
登楼黄鹤品崔颢，望远长江思太白。
楚河汉街中央路，高山流水古琴台。
最爱东湖刚柔道，梅樱花季去复来。

南昌滕王阁：古今文学空间意象的焦点

长江沿线城市，从西往东，依次有重庆、武汉、南京等重要城市，而长沙所依托的湘江、南昌所依托的赣江都属于长江水系的重要干支流，岳阳更是北枕长江，南邻三湘四水，比邻洞庭。范仲淹的《岳阳楼记》写景洋洋洒洒，阴晴晨昏，各自动人，“居庙堂之高则忧其民，处江湖之远则忧其君。是进亦忧，退亦忧。然则何时而乐耶？其必曰‘先天下之忧而忧，后天下之乐而乐’乎”，意境可谓高远之极。

江南三大名楼是黄鹤楼、滕王阁、岳阳楼，都与传世的文学作品关联。南昌古称洪州，自唐以来随王勃的《滕王阁序》名满天下，滕王阁也列江南三大名楼之首。登滕王阁而体会“落霞与孤鹜齐飞，秋水共长天一色”，通篇辞藻瑰丽，用典自然，情景交融。滕王阁周围的不少地名、路名都出自该篇。

2016 年 5 月，我到南昌出差，特意在下车后先到秋水广场参观新城市景观，空间上，基本还能保证从秋水广场到滕王阁之间的视线廊道。黄昏时略有烟霞，很难体会到“落霞与孤鹜齐飞，秋水共长天一色”的绝美意境了。

李白早年沿长江旅行，所到之处诗篇不断，在长江中下游的诗意江山中，文学的空间意象处处有迹可循。2014 年，我参与南昌象湖湿地规划设计项目，因为旁边有八大山人纪念馆，空间视域内可关联滕王阁，因此竭力主张恢复文学意象中提及的审美意境。建议结合场地布局生境规划，培育招鸟引鸟的场所，在天气晴好的日子，再现彩霞满天、孤鹜齐飞的场景。2015 年，我不断在长江边的城市游走，不由自主仿照李白，写《滕王阁小记》。唐人语境今时已不可企及，拾点牙慧而已：

今晨辞别黄鹤楼，雾霭沉沉到洪州。
滕王阁上观落霞，群鹜依稀江中洲。
秋水长天传佳句，赣江两岸已远筹。
忆古思今学太白，不负诗文万古流。

宁波天一阁：文以载道

2015 年 3 月，我借到台州出差之际先游雁荡山，之后拐到宁波，慕名到天一阁游览。作为书院园林，天一阁的历史一直与明代以来的大学问家关联。这是一座因藏书而知名的园子，从规划布局而言，庭院里没有过多曲径通幽，空间轩敞简朴，花园疏朗，树林青葱，大气而简洁。穿行其中，一种浓浓的书卷气扑面而来。展品里提到不同年代的读书人在此翻阅珍藏书卷，同时肩负着保护传承的使命。这座园子，有着与其他宅园截然不同的气质。

如果求学时做古典园林实习可以到天一阁，那么我对江南园林的隔膜感不会这么深。这是一座关联古今、有血有肉、有雅有俗的园子，灵魂因书籍而传承。虽然余秋雨在《风雨天一阁》那句“你来了，你是哪朝哪代的书生”略带着书生的矫情，但不可否认看到园中各种因藏书、读书、爱书而联系在一起的雕塑，文脉关联，很想置身其中。江南园林是私家宅园的代表，园主要么是追求雅致生活的富人，要么是向往山林的退休高官，造园者也多具备绘画、诗文修养。但是如周维权先生所言，园林与兴建时的政治、经济、社会价值观相关，文以载道，园以载书，或许只有在书院园林里，这样的物质与文化的传承，才有它独特的意义。皇家园林与私宅园林被毁后可以按照图纸复建，而书院园林的价值在于书籍本身。进入天一阁，真正领悟到一种相似的、熟悉的气息，终于感受到精神的传承，因此，天一阁一直是我心目中最有价值的园林建筑。

地标记

城市是人类的聚集所，地标是城市景观体系的重要构成，往往是艺术、文化、财富、技术的精华，也大多被标记为旅游景点。除了前述的著名园林和寺观教堂，还有由建筑群构成的古代帝王居所等遗址，因文史知名的文化地标，因造型艺术知名的雕塑地标，以及可以登高览胜的观光塔地标、摩天大楼、连接山水的桥梁、重要的风景大道等。南京号称十朝都会，金陵城邑的可考历史就有2300多年，大学时在闲逛中读城，感受中国悠久的文明传承。目前生活的城市深圳是改革开放四十年城市建设史上的奇迹，在工作中得以亲身感受当下从业者的智慧与努力。回顾自己这些年所见之地标，尝试小记一下。

帝王居所与宫殿地标

南京明故宫：中国传统文化注重秩序，中国古代建筑集大成者就是宫殿。作为人间帝王居所，早期集居住、聚会、祭祀多功能为一体，后期祭祀功能分离，只用于朝会与居住。宫殿常依托城市而存在，中轴对称、规整严谨的城市格局，突出宫殿在都城中的地位。南京有“六朝古都，十朝都会”的美誉，先后有东吴，东晋，南朝宋、齐、梁、陈，南唐，明，太平天国，中华民国在南京定都。明代朱元璋建造的紫禁城，现为明故宫遗址公园，开创了皇宫自南而北的中轴线与全城轴线重合的模式，这种宫、城轴线合一的模式，既是南京特殊的地理条件使然，也是遵循礼制、呼应天象、顺应自然建设的杰作。明故宫由刘伯温主持建造，影响了当时东亚各国包括朝鲜景福宫等帝王宫苑的建设。之后永乐帝朱棣迁都北京，下诏营建宫殿“凡庙社、郊祀、坛场、宫殿、门阙，规制悉如南京，而高敞壮丽过之”。1929年12月，民国时期的《首都计划》正式由国民政府公布，由美国建筑师墨菲、中国建筑师吕彦直担纲，来自西方的建筑新风，与古老的建筑遗址一道，星罗棋布在南京城。1989—1993年，穿梭在南京城的记忆，从明故宫遗址、太平天国天王府遗址，到总统府，是我对一座古老都城的各种帝王居所地标的认知初心。

北京故宫：以前在各种明清帝王题材的影视里，对北京故宫的雄伟气派赞叹不已。尤其意大利导演贝托鲁奇导演的《末代皇帝》，大银幕上呈现出紫禁城的恢宏气势，也反映出一个王朝退出历史舞台的颓境。故宫三大殿成为逝去的王朝的物质证明。1996年，我到北京学习半年，我专程去参观故宫，不少宫苑管理不善，颓旧明显，透过模糊的窗纸看向一些著名的居室，里面的锦缎、陈设也蒙尘已久，要寻找历史沧桑感，还是不如明故宫。但是作为北京故宫建筑群之一的天坛祈年殿，却让我心生敬意。祈年殿是三重檐圆殿，蓝瓦金顶，内部开间分别寓意四季、十二月、十二时辰以及周天星宿，是古代明堂式建筑的代表，其比例、色彩、尺度、材质、整体布局、景观意象，都完美呈现我心目中最好的北京古代建筑。

泰国大皇宫：2015年，我们全家到泰国旅游，无论是漫步曼谷的重要街区，还是乘船在湄南河游览，大皇宫金碧辉煌的玉佛寺标志塔都呈现在视野中，是泰国最重要的地标，汇聚了泰国建筑、绘画、雕刻和装潢艺术的精粹，其风格具有鲜明的暹罗建筑艺术特点。泰国信奉小乘佛教，政教合一，皇宫与佛寺密不可分。建成于1876年的节基皇殿是一座受意大利文艺复兴建筑风格影响的建筑物，屋顶保留了泰式佛教建筑的特色，主体建筑的廊柱、卷拱、窗饰却有明显的欧洲古典主义风格，但是感觉比较和谐。游览大皇宫时导游讲解壁画，说到其中的神猴哈奴曼是中国《西游记》中孙悟空的原型。1992年，泰国政府出资在中国洛阳白马寺建造泰国佛殿苑，浓缩了以曼谷大皇宫为代表的泰式建筑精华，也算是多样包容、彼此融汇的见证吧。

美国白宫：2013 年到美国参加 ASLA 大会之后，自费旅游美国东部，到华盛顿参观著名的白宫及前庭系列轴线的景观，包括从白宫到华盛顿纪念碑的南北纵向轴线和从国会大厦到林肯纪念堂的东西轴线。深秋的华盛顿红叶遍地，在寒意凛冽中看夕光中的华盛顿纪念碑，油然而生出一种庄严、崇高、圣洁的感受，因为整个建筑场所严整的序列感，视线廊道控制的宜人尺度，以及疏林草地和砂石铺装的生态性，都使白宫轴线愈加生动。白宫是一幢白色的新古典风格砂岩建筑物，白宫建筑方案出台之前，华盛顿对未来的美国总统官邸提出三点要求：宽敞、坚固、典雅。基于多部好莱坞影视作品，中国人对白宫及其周边的西翼并不陌生，我则对《阿甘正传》中阿甘在反越战集会后，在纪念碑前的水池与恋人相拥的场面印象深刻。

文化地标

南京夫子庙：刚到南京时，夫子庙是我游荡的目的地之一。始建于东晋的夫子庙为供奉、祭祀孔子之地，由孔庙、学宫、贡院三大建筑群组成，是中国第一所国家级最高学府、中国四大文庙之一，曾经是明清时期南京的文教中心，也是居东南各省之冠的文教地标。1985 年，南京市修复夫子庙古建筑群。修复后的夫子庙为明清建筑风格，集旅游胜地、文化长廊、美食中心、购物乐园为一体，成为南京秦淮风光的精华，我至今惦记那里的桂花藕粉赤豆元宵、什锦菜包、鸭油烧饼……

曲阜三孔景区：古时立学必祀奉孔子，孔庙的特点是庙附于学，和国学、府（州）县学联为一体，使古代的教育体系和政治体系密切关联。作为孔子故里的曲阜三孔景区，孔庙、孔府（孔子后代——世袭衍圣公的后代居住的府第）、孔林（孔子及其后裔的家族墓地）各有特色。孔庙自春秋时期初建，经历代帝王下诏修建，逐渐形成与故宫、避暑山庄齐名的大型古建筑群。我站在先师手植桧前，被震撼了很久，人生不过百，而孔庙因孔子思想而传承千年，有生命的桧柏也一并存续，记载了多少人事沧桑，时代变迁。1994年，孔庙、孔林、孔府被联合国教科文组织列入“世界遗产名录”，曲阜的城市品牌确定为“孔子故里，东方圣城”。曲阜的历史文化街区保护也做得很好，阙里宾舍建于孔府“喜房”遗址，由中国著名建筑设计大师戴念慈先生设计，采取传统四合院式的布局，组成几座院落，以回廊贯通，与孔庙、孔府融为一体，2015年入选首批“中国20世纪建筑遗产”名录。2017年，我特意选择入住于此，感受到建筑文脉的传承和戴先生的精巧构思，回来有感写《筑以载道》，致敬那些创造了给人以寄托愉悦、深思、纪念的场所的卓越人士。

苏州博物馆：与阙里宾舍和孔府的关系类似，贝聿铭先生设计的苏州博物馆位于苏州拙政园和太平天国忠王府中间，南面是贝先生的祖宅狮子林。与戴先生严谨传承孔府建筑外观，内里自设乾坤不同，贝聿铭作为现代主义建筑大师，对苏州园林的理解与众不同，汲取了粉墙、六角花窗作为建筑符号并重复使用，博物馆通过色彩与周边的古典园林文脉呼应，立体几何形体的玻璃天窗借鉴了中国传统建筑中老虎天窗的做法，使建筑屋顶不但在空间上形成现代感极强的三维视觉效果，也方便了内部的采光。外部环境将苏州园林水、石、植物抽象化，大面积的水面映衬着连绵的建筑外缘线，呈现透明且纯粹的质感。贝先生用片石代表抽象的假山，植物使用得很克制，充分展示了苏州古典园林叠山、理水、花木、建筑等造园手法。从贝先生的苏州博物馆创作中，真正体会到了传承与发展的精髓。虽在纸上观摩多次，直到2019年5月先生去世后，才借到苏州开会的机会实地参观。因没有提前预约，只能在大门外观望，即使如此，也能感受到贝先生创造的连续不断的新空间诗意，无言感动。

悉尼歌剧院：1973年投入使用的悉尼歌剧院，2007年作为向全社会开放的伟大艺术杰作，入选世界文化遗产。入选表述是：它代表了建筑形式和结构设计的多重创造力，一个精心设置在著名水景和世界著名标志性建筑中的伟大城市雕塑。2018 年，澳大利亚之行时有幸亲眼目睹，在悉尼的蓝天碧海和阳光下，它是如此特别，在滨水岸线上照影盛开，成为毫无争议的地标、拍摄背景，甚至是一个城乃至一个国的独宠。它形式高于功能，具象如同放大的小品，却又绝非单纯拟态，变幻间抽象出人类的艺术与工程的杰作。这种美，理性与浪漫并存，与周边环境和谐相处，使它无论从哪个角度观望，都是主角。设计师伍重曾经在芬兰和首屈一指的现代主义建筑大师阿尔瓦・阿尔托合作，这段合作时期加深了伍重对有机建筑的理解。在被悉尼歌剧院惊艳到了之后，2019 年，我慕名到北欧，造访阿尔托的作品，虽然只参观了赫尔辛基的芬兰大厦，但是由阿尔托等人主导的北欧设计风格无处不在，入住的酒店家具、户外的小品都体现简约、自然、精致、宜人的特征。尤其赫尔辛基那个著名的岩石教堂深深感动了我，它外部的岩石自然得如同我们小时候过家家的石头堆，入口设计成隧道，内部墙面仍为原有的岩石，穹顶由玻璃镶嵌，自然光投射到内庭，静谧而又体现自然之神思。当时第一个冒出来的念头是在园林课上烂熟于胸的八字真言：虽由人作，宛自天开。

法国卢浮宫：卢浮宫也曾经是帝王宫苑，1793年开放为博物馆，是欧洲最著名的文化地标。丹・布朗的小说《达・芬奇密码》开始于卢浮宫谋杀案现场，以达・芬奇名画《最后的晚餐》为背景，通过符号或密文穿插历史叙述及对建筑和艺术作品的解读，最终的谜底在卢浮宫倒金字塔所在之地揭露，环环相扣，读来引人入胜，而且激发了我游览欧洲的念想。2016 年，我带着故事游欧洲，来到英国伦敦威斯敏斯特教堂里的牛顿墓，穿越巴黎卢浮宫的玫瑰线，顿显鲜活而生动有趣。那些人类文明造就的建筑、雕塑、城市街区，从古典主义到新古典主义，再到现代主义，无一不呈现着自古希腊文明传承而来的人文主义的光辉，又闪烁着理性主义的审美精神。西方三大思想解放运动的文艺复兴、宗教改革、启蒙运动时期的代表作，都可以在卢浮宫这座号称世界四大博物馆之首的伟大艺术殿堂溯源。由于时间关系，我们先去看了卢浮宫三宝：雕塑《米洛岛的维纳斯》、名画《蒙娜丽莎》、雕像《萨莫色雷斯岛的胜利女神》，剩下的时间参观卢浮宫建筑。老建筑是法国古典主义时期作品，新馆则出自现代主义大师贝聿铭之手，金字塔外观下，有着更精巧的结构。在金字塔下方，我再次感受到贝先生对光线的出神入化的使用，以及简洁、适用、方便的内部功能设定。

观光塔与摩天轮地标

观光塔往往是城市景观的视线焦点，也是人们登高观城的最佳选择，例如埃菲尔铁塔便是巴黎四大代表性地标之首（其他三个是凯旋门、卢浮宫和巴黎圣母院）。埃菲尔铁塔总高 324 米，是当时巴黎第一高的建筑，也是世界第一高的建筑物。站在凯旋门向南看，埃菲尔铁塔的倩影尤其生动，它们分别构成南北景观视廊的两个尽端地标。上海的东方明珠广播电视塔作为浦东陆家嘴中心区的地标，代表着上海新金融中心的荣光，也是浦西环黄浦江景观带的焦点。广州的新电视塔昵称“小蛮腰”，是广州新中轴线上重要的视觉终端，也是珠江夜游的重要目的地，还是重要的光影秀主场。

与以垂直交通方式抵达，之后静态环游一圈的观光塔相比，这些年由娱乐设施升级为城市景观地标的摩天轮，以其独特的游赏方式更受大众的欢迎。游客在空中不断变化的高度中，感知欢乐与视觉享受。外国的从伦敦泰晤士河旁的伦敦眼，到新加坡的飞行者，摩天轮的选址都是重要的滨水景观带。中国的从天津海河上的天津之眼，苏州金鸡湖旁的苏州摩天轮，再到深圳前海的弯曲之光摩天轮，也是位于滨水区。于光影灵动间看风景，摩天轮上的你也成为风景，这也算是很多恋人都选择在摩天轮上表达爱意的理由之一吧。

商业地标——摩天大楼

现代都市中的商业楼宇为了实现价值最大化，多半在技术支撑下不断拔高建筑高度，努力成为区域内新的地标。纽约、伦敦、上海、东京、香港是英国智库最新发布的第 28 期全球金融中心指数排名前五的城市，纽约曼哈顿、伦敦金融城、上海陆家嘴、东京中央区、香港中环都是高楼林立，各个摩天大楼试比高。

2013 年，我登上帝国大厦 86 楼观景平台参观，里面有图片介绍自 1889 年埃菲尔铁塔建成后，陆续有高楼挑战其高度。竣工于 1931 年，总高 381 米（1951 年加高天线后总高 443.7 米）的帝国大厦，是“世界第一高楼”记录的最久保持者，直到 1972 年被世贸双子塔取代。

香港中环的中银大厦高 367.4 米，并不是以高度取胜，贝聿铭大师设计的独特外观让它在中环一众高楼中异常突出。上海中心、金茂大厦、上海环球金融中心在陆家嘴呈鼎足之势，因其外观酷似开瓶器、注射器、打蛋器而被昵称为“三件套”。上海中心总高 632 米，是上海乃至中国的最高大楼。上海金茂大厦在千禧年前启用，因为设计体现了中国传统的塔元素而蜚声设计界，但是后来环球金融中心、上海中心建成，古典塔所需要的空间条件消失，观感没有之前那么强烈，可见城市设计的重要性。相对而言，摩天高楼的故乡、全美建筑典范城市——芝加哥，在建筑天际线的管控上体现出百年规划的控制力。2017 年，我在芝加哥旅行期间，特意到林肯公园感受芝加哥建筑天际线的魅力，最高楼威利斯大厦与周边高楼错落分布，彼此和谐共存，形态质感基本都和谐统一，没有特别突兀的存在。

深圳早年第一高楼是蔡屋围金融中心，总高 393.95 米，2018 年入选第三批中国“20 世纪建筑遗产项目”名录。现在的第一高楼是平安金融中心，位于福田中央商务区，也是深圳金融中心，总高 592.5 米。

据说蔡屋围金融中心旁将建深圳塔，高约 739 米，建成后将取代上海中心成为中国第一高楼和世界第二高楼。技术上，我相信人类可以不断挑战建筑高度，并竭力避免各种潜在风险。当今世界第一高楼哈利法塔（828 米）的高度纪录可以保持多久，拭目以待。

雕塑地标

在欧洲游历时，雕塑无处不在，街头、墙上、柱体、柱头、碑尖……古希腊悠久的神话传说是古希腊雕塑艺术的源泉。从帕特农神庙、雅典卫城，到维纳斯雕塑，那种对人体极致的美的刻画，通过大理石栩栩如生地表现出来。法国在拿破仑时期，城市建设达到历史高潮，凯旋门作为纪念法兰西荣光的构筑物，在两面门墩的墙面上，有 4 组以战争为题材的大型浮雕："出征""胜利""和平""抵抗"。这些巨型浮雕之上又有 6 个平面浮雕，分别讲述了拿破仑时期法国的重要历史事件。凯旋门的内墙刻有跟随拿破仑远征的 386 名将军的名字和 96 场胜利的战役。其修建的缘起就是为纪念 1805 年打败俄奥联军的胜利而修建"一道伟大的雕塑"，迎接日后凯旋的法军将士。后来拿破仑战败，凯旋门几经波折才建好。2016 年，我们抵达参观的时候是春日的清晨，车辆不多，巨大的法国梧桐尚未绽放新叶，凯旋门在树丛掩映下更显端庄威严，静静见证着拿破仑曾经的荣光。

纽约的自由女神像是古罗马自由女神利博塔斯（Libertas）的雕像，出自法国雕塑家巴托尔迪之手，是 1876 年法国送给美国独立 100 周年的礼物，1886 年安装于哈德孙河的自由岛上，1984 年列入"世界文化遗产名录"。女神右手高举象征自由的火炬，左手捧着刻有发表于 1776 年 7 月 4 日的《独立宣言》，脚下是打碎的手铐、脚镣和锁链。雕像基座镌刻着女诗人埃玛娜莎罗其的诗句："让那些因为渴望呼吸到自由空气，而历经长途跋涉业已疲惫不堪、身无分文的人们，相互依偎着投入我的怀抱吧！我站在金门口，高举自由的灯火。”它不但是纽约的地标，某种意义上甚至是美国的地标，19 世纪的人们经过漫长的海上行程，进入纽约港的标志就是这座雕像。2013 年，我前往纽约哈德孙河游览时，这个总高 92 米的雕塑因为周围建设控制得当，显得高大醒目。2014 年，我再次关注自由女神像，是由于丹麦的 BIG 工作室凭借“THE BIG U”——下曼哈顿区弹性设计规划项目拔得纽约曼哈顿岛重建设计竞赛头筹。该规划项目由“桑迪”飓风重建工作组与美国住房和城市发展部联合发起，旨在改善受“桑迪”飓风影响区域的环境脆弱性，并设计一个弹性解决方案来保护当地社区居民免受飓风带来的洪水及暴雨等灾害的威胁。不由感慨其设计在应对气候变化方面有大胆创新，而未来自由女神像、悉尼歌剧院这类文化遗产，都要面对全球气候变暖带来的各种影响，也都要考验各专业的智慧。

在中国，把雕塑作为城市地标的有深圳莲花山公园山顶广场上的邓小平走姿雕塑，加基座只有 6 米高，因邓小平指引了深圳经济特区的建设及发展而意义重大，故成为城市地标。其他作为地标的雕塑还有青岛的五月的风城雕、长沙橘子洲头的青年毛泽东巨型头像雕塑、珠海渔女雕塑、广州五羊雕塑等。其他知名的雕塑地标多半是佛像，如四川的乐山大佛、三亚的南山海上观音、无锡的灵山大佛等。香港天坛大佛号称是当今世界上最大 de 露天青铜坐像。2019 年 11 月，我到香港大屿山乘坐昂坪 360 缆车，上山到宝莲寺参观。根据资料介绍，大佛像的面相参照龙门石窟的卢舍那佛，而衣纹和头饰则参照敦煌石窟第三百六十窟的释迦牟尼佛像，因此兼备隋唐佛教全盛时期造像的特色。

景观大道地标

不少城市的道路，因为串接了各种旅游打卡地和地标，渐渐也成为旅游目的地。例如巴黎的香榭丽舍大道，一端连接卢浮宫，一端连接凯旋门，其变迁史也反映了巴黎的城建史。拿破仑三世时代的奥斯曼主持巴黎扩建，奥斯曼的都市计划严格地规范了道路两侧建筑物的高度、立面形式，并且强调街景水平线的连续性。他将香榭丽舍大道进行了交通整治，优化步行空间，对两旁的建筑进行改造，推进建筑立面的统一，对景观进行优化，增加喷泉，种植法桐，增加特色路灯等。

美国芝加哥在1873年一场大火之后启动重建，著名的1909年《芝加哥规划》由伯纳姆主持，使用了城市美化运动中常见的林荫大道、放射状大道等设计手法，图纸至今仍挂在芝加哥市规划局里。芝加哥的高层建筑的设计中重点考虑了防火功能，在重要街道上连续出现的金属框架结构和玻璃窗构成了连续而统一的视觉界面。著名的“壮丽一英里”是北密歇根大街的昵称，这是一条沿密歇根湖到芝加哥河，全长近3千米的壮观的林荫大道，除了有水塔等地标，还散布着一系列别致的精品店，是一条混合了装饰艺术和现代设计的街道。2016年，芝加哥街景景观规划荣获ASLA地标奖，是我2017年到芝加哥参观的目标之一，也成为之后深圳建设世界著名花城，打造花景大道的对标案例之一。

其他地标

天文科技地标：我的老家独山县的邻县平塘县，是500米口径球面射电望远镜——俗称“中国天眼”的所在地。这个巨型望远镜是目前全球最灵敏的望远镜，用于探索宇宙起源和演化，大幅拓展人类视野。“中国天眼”也因此成为天文科技的新地标，平塘县借此建设天文小镇，推进脱贫攻坚。想到初中时，我们在学校兴奋地讨论外星人等话题，真是弹指一挥间。

军事工程地标：中国的万里长城是古代为了国家安全修建的军事工程，千百年来不断完善，现在成为国家文化公园，“不到长城非好汉”也成为毛泽东给长城题写的最著名的推广词。古罗马时期的军事城堡技术完善，军事工程师维特鲁威撰写出《建筑十书》这样沿用至今的经典。

旅游公路地标：在美国游览，少不了到著名的加州 1 号公路体验一下滨海沿线的壮丽风光。2016 年，我带儿子游览美国西部五城，从旧金山到洛杉矶，沿着美国西海岸蜿蜒前进，在加州 1 号公路旁，壮阔的太平洋滨海风光尽收眼底，还到著名的十七英里景区参观，对那里良好的生态保育工作惊叹不已。

水利工程地标：中国的长江三峡大坝是世界头号水利工程，实现了毛泽东“高峡出平湖”的愿景。2014 年初，我到乘船从重庆到宜昌，专门到三峡风景区参观，看到工程概述上写着坝高 185 米，坝长 2309 米，顶宽 15 米，底宽 124 米，自 1994 年开工，工期 17 年，移民 130 万，不由感慨我们国家的动员力、行动力、技术力量。2015 年，到都江堰交标期间，顺着余秋雨先生“问道青城山，拜水都江堰”的足迹，到都江堰参观，岷江波涛汹涌，经过李冰父子顺应自然的工程手段，变得柔顺灵动，滋养出成都平原沃野千里，由衷感动。写《拜水都江堰》以记：

海内谈益州，天府之国多锦绣。
国人语都江堰，治水奇功今犹见。
岷山冰雪向天横，江水滔滔势奔腾。
成都沃野含千里，辗转激浪东南倾。
我欲因之念李冰，双手降龙修宝瓶。
飞沙堰神起，鱼嘴滩上横。
李氏父子今何在，分筋错骨千年功。

桥梁地标：长江边的南京长江大桥代表了新中国桥梁建设的极高成就，成了南京气象一新的新地标。1992 年，我家六岁小表侄子和四姨婆等人一起到南京，我专门带他们去参观留念，孩子回去跟同学吹牛，神气了好久。1993 年我刚到珠海工作，第二年即从从事交通建设的朋友处看到港珠澳大桥的立项报告，署名还有一名多年未见的高中同学，很惊喜。之后大桥几经波折终于在 2018 年开通。2019 年 5 月，我从珠海乘坐穿梭巴士横跨港珠澳大桥，桥上车辆不多，观两旁山海风景，分外寥廓，不由回想毛泽东诗词：“怅寥廓，问苍茫大地，谁主沉浮？”光阴荏苒，想到从事本项目的工程师们付出的时间和心血，不由再次感慨国家的强大，又创造了一项工程地标。之后，先后趁出差的机会，回贵州参观了毕节鸭池河大桥，以及连通“中国天眼”与平塘县城的平塘特大桥。这些桥梁都已经成为世界特大桥建设史上刷新纪录的工程，也成为新的游赏地标。

动物廊桥：2011 年，我编制深圳生态关键节点恢复规划时，建议将大鹏新区的 7 号节点列入近期建设计划，这是一个因为建设快速道路而割裂了七娘山—排牙山廊道的连接而建设的连接点。我根据其地理区位，查阅了不少专门为动物建设生态廊桥的资料，包括加拿大班夫国家公园里的动物廊桥，青藏铁路给藏羚羊通行的廊桥等。最后经过反复论证，大鹏新区动物廊桥于 2020 年 4 月建成，成为深圳首条野生动物专属的生态长廊，在这个快速成长起来的城市，树立起生态保护的典范，也表明生态优先的价值观在这个城市被越来越多人接受。

地标种种，都是人为的创作，也代表时代最极致的审美和技术。《易经・系辞》有云：“形而上者谓之道，形而下者谓之器。”从摩天大楼到室内工艺品，致广大而尽精微，从艺术认知到装备建造技术，渐渐构成人类文明史的视觉记录。丹・布朗在《失落的秘符》中写道：“生活在这个世界而不知其义，如同徜徉于一个伟大的图书馆而不碰书籍。”写作这本小书的意义，也是想重拾我过去和现在的游历片段，整理一下自己在这个时代中所观所感的风景，记录一些感动过自己的点滴，建立一个属于自己的阅读路径，知自己，知天地，知众生，留存以记，不负韶华。

城与国

双城记

风景园林规划设计师的职业病之一，就是每到一处都让风景、风水、风情三个关键词彼此互动印证。风景与自然地理相关，是物质构成的基本面，形成山水诗、山水画、山水园林等各种艺术；风情与人文地理相关，构成独特的气质风貌，是情感皈依的由来；风水与经济地理相关，成为关乎利益的隐性的分析方法，也成为各种竞合关系的根源。回首半生几组双城，关联万水千山，交织万家灯火，“倚仗人的机巧，载满人的扰攘，寄满人的希望，热闹地行着”（钱钟书《围城》语）。

独山—平塘

高中以前，对我来说，位于西南云贵高原黔南州的独山县和平塘县是一对双城。妈妈有兄弟姐妹六个，外公早逝，外婆一人拉扯七个子女艰难度日，老五没活过5岁，其他的几个，大姨二十多岁远嫁到安徽，二姨一直在外婆身边帮忙，三舅年龄稍微大点后就跟随大姨到安徽谋个活路，后来又参军。虽然年岁艰难，但兄弟姐妹们也陆续成家生子。三舅复员后到平塘工作，四姨结婚后也随四姨夫到平塘，六舅大学毕业后到荔波工作，大家庭的情感地图分散在独山、平塘、荔波三个点。那时候，独山到荔波路途遥远，我去荔波的次数不如去平塘多。

暑假或者寒假，不是我先去平塘，就是四姨他们从平塘来独山。我和四姨家的表姐表哥关系最好，一到放假都盼着一起玩。独山地势高，平塘依水而建。从独山到平塘基本是一路下坡，从临近平塘的山间公路上，依稀看得到号称“玉水金盆”的平塘县城轮廓。从平塘回独山基本是爬坡，印象最深的是一处连续急转弯上行的坡道，汽车轰鸣声大到两耳几近失聪，再碰到汽车年久失修，汽油味弥漫，下车后多半会晕车。

独山和平塘的双城时光是自然而快乐的，因为亲戚们似乎无处不在，山水旅程里都是满满的人情。随着时光流逝，年长的亲人们陆续过世，乡愁渐渐也成了一种慢性病。

随着贵广高铁开通，5 个小时可以从深圳到都匀，县际高速建设完善，从都匀不到 1 小时就可到独山，来自独山的同学、乡亲不断往来，让我与独山又亲近很多。夏天时，我慢悠悠回了独山，这里已经是天翻地覆慨而慷，要打造黔中地区旅游配套服务及商业贸易的中转站。在旅游策划上与“爽爽贵阳”相对，叫“悠悠独山”，这点倒是和我的节奏匹配。

平塘因为世界最大的射电望远镜——天眼 FAST 的建设而蜚声海内外，选址在小时候表哥表姐们带我们去玩的山水间。少时经常去玩的小七孔也成了世界自然遗产、热门旅游目的地，儿时表姐妹们炫耀的风景，终于闻名全国。贵州发展加速，主打生态旅游、避暑休闲，荔波小七孔与平塘中国天眼景区成为新的打卡目的地，在扶贫攻坚行动中，基础设施不断优化，2019 年底通车的平塘大桥成为新的地标，独山到平塘不再需要过二层坡，到荔波也不再遥远。新一代的孩子们，他们关于故乡的记忆将与我们截然不同。

独山—都匀

高中三年，黔南州府都匀和独山是一对双城。

都匀一中高中需要住校，假期离开灯火密集的都匀市区，穿行在云贵高原的莽莽群山里。夜晚铁路沿线的星星灯火，曾经牵动着心里那根最原始的神经：那些灯火下是否都各有归人？

20 世纪 80 年代，从都匀到独山有几种列车，其中一种是贵阳发广州的长途车，独山是小小的站点，火车只停两分钟，快到站时要提前到车门，生怕不小心被列车遗忘。在长途车上我是沉默的短线客，有时候看着长途客的众生相，总要揣测他们家在哪里，做什么工作，要到哪里去，这样那样的迁徙对他们意味着什么。

独山和都匀的双城，让一个少年开始体验离乡的惆怅，与小时候亲密伙伴的隔膜，以及对新世界的好奇。那时候的我之于独山，似乎是必须要射出的箭，对不远的未来有无法支配的恐惧，也有一些美好的憧憬。都匀一中的高中生活学习占据了我那三年内百分之八十的时间，晨读时看千山万山浮想联翩，高考是唯一通往山外世界的途径，在这暗黑的通道里向往终端的光。

上海—南京

1989—1993 年的大学四年，长江中下游的南京与上海是一对双城。

我终于有机会做了长途客，从独山到南京没有直达的火车，早上从独山坐两小时的火车到麻尾，从麻尾车站登上从昆明发上海的火车。途经广西、湖南、江西、浙江，抵达上海，再从上海转短途车到南京。

从麻尾到上海，是地理上从云贵高原转换到长江中下游平原的过程。从金华开始，景物渐渐有序，色彩渐渐轻灵，然后成群的楼房出现，上海到了。经过漫长的四十多小时，在心里早已经将上海当作另外一个终点。回家时，总会在上海带上几包大白兔奶糖当作伴手礼。

在上海转车时，总有半天的时间到外滩上走走，那时候对城市空间的尺度还没有十分敏感，只是觉得上海的空气是混沌中带点甜蜜的，街道的景观是带着点温馨和宜人的。在贵州的崇山峻岭中习惯了宏大的尺度，总觉得江南的空间平实、富足，看黄浦江浑浊的波浪，狭小的南京路上拥挤的人头，我在上海是彻底的闯入者。

在南京和上海之间的穿行，我看到了典型的江南，空间柔润平和，乡村建筑粉墙黑瓦淡雅轻柔，春天的油菜花如同水彩，渲染着天地。

南京是政治与人文的结合体，是历史的沉淀，诞生了多如牛毛的典故，让众多文人扼腕叹息。南京的底色略沉郁，连玄武湖都带着沉思般的色彩。有次深秋到中山陵，暮色里如血的残阳与一地黄叶互相映衬，真的是感伤。

在南京与上海之间穿梭，时间不长，却是青春最盛的季节，在离开后滋生出一种别样乡愁。空灵的意境、水墨生香的街道、春花与秋叶的灿烂季节，都有淋漓的水色，冬季的雪花也是悄悄萧萧，朦胧地带着暖意。

珠海—深圳

工作之后，华南的沿海城市珠海与深圳成了另外意义上的双城。

初到珠海，珠海给我的第一印象就狠狠地填补了南京的缺憾，所以我毫不犹豫地钻到这里巨大的阳光背景中。这个城市安静、干净、崭新，最重要的是，有种透明而轻灵的特质。特区没有太多的历史沉淀，意味着没有太多的包袱，我们一群满怀理想主义的年轻人，在珠海恣意享受青春。晨昏时在漫长的情侣路边晃，有时候不由问自己，此心安否？是吾乡否？

1997 年结婚，2000 年生子，在家闲了一年之后突然觉得人生需要另外一个规划方案，在规划景观的同时，顺便规划自己的人生。2002 年，广东省城乡规划设计研究院深圳分院招聘景观设计师，我于是开始周五回珠海、周日返深圳的双城生活。

开始时，乘坐九州港到蛇口码头的快船往返，出珠海后，透明的空气渐渐浑浊，蛇口的山海线条渐渐峭拔，再往东到深圳，更是峥嵘连绵。与感性的珠海形成鲜明的对比，深圳面海背山，发展脉络也清晰理性，城市的发展在可控以及可以预见的规划蓝图中推进。

在深圳的时间平均分配给事业、家庭，2004 年在此购房安家之后，回珠海多半是项目出差，或者是受邀担任评审评标。下船呼吸到珠海的空气，感觉自己身体里的细胞依次放松，啪啪有声。

深圳—广州

2004 年在深圳购房安家，见证深圳房价一路单边上涨，我们算是受“来了就是深圳人”口号感召拥有自住房的那一部分人。深圳作为建设中国特色社会主义的先行示范区，在城市规划建设领域领先全国，有着无可比拟的后发优势。

因为工作关系，我经常往返深圳和广州。一进入广州城区，红尘气息扑面而来，生活方便，性价比高的餐饮美食和便利店比比皆是。到了珠江新城，南粤第一城的气度顺着珠江满溢。当然，在向海的深圳湾，越冬的鸟儿轻舞飞扬，是更令人感动的风景。

放眼当下的城市群，东北的沈阳和大连，京津冀的北京和天津，福建的厦门和福州，西南的重庆和成都，长江中游的长沙和武汉，都或多或少成为相爱相杀的双城。找准城市的生态定位，彼此包容与共生。安分守己，其实是一种积极的态势。

回首几个双城的风景、风情、风水。黔南好，情满万重山——得故乡风情；江南好，风景似曾谙——得好风景；岭南好，家在山海间——得好风水。

大至家国情怀，小到记忆中一碗米粉的清香，色彩、味道、气息等感性的词，或许会与交通、经济、政策等理性词相对，构成这个时代的活色生香。

走遍万水千山，黔南、江南、岭南；回望万家灯火，半生仍是少年。

京杭记

我的求学经历是从西到东：从平均海拔 2000 米的云贵高原出发，一直到长江中下游平原，经广西、湖南、江西、浙江、江苏，一路上空间不断转化，渐渐有一些观世界的空间思维。工作经历则是从南到北：立足于深圳，总要到全国各地出差，因为设计院与北京关联密切，所以经常会接受来自北京的资讯和邀请，包括行业资讯、学界往来、合作交流等。因此，我简单粗暴地将自己观世界的坐标，确定为在西部具生态视野，望好山好水；在东部有人文情怀，酿诗情画意；在北方萌政治抱负，有一些有所为的情怀；在南方讲经济民生，终究回归人生二八开里那百分之八十的普通日常。

２０１９年７月，中央全面深化改革委员会第九次会议审议通过。大运河国家文化公园以京杭大运河为基本骨架，所涉及的空间范围十分辽阔，大运河的南段塑造了江南一带的城镇格局和文化特质，演绎出漕运、水工、盐业、工商、园林、水乡人居等各具特色的文化形态，不由回顾自己在北京和杭州等地的游历感知，写此小文以记。

北京的空间思维

1996 年 3 月到 8 月，我在中央工艺美术学院（现清华大学美术学院）环境艺术系进修，在学习之余，游览了北京的古典园林、宫廷寺观、郊外风景地。之后因工作关系到北京出差时，总会挤出一些时间参观这里的新建项目或网红打卡地。也许是皇天后土的滋养，抑或是千年古都的沉淀，北京的空间如同天坛的标志照片，天圆地方，北京的人也自强不息，厚德载物。

北京于我而言，一直是个平和的城市，华北平原西北以太行山脉为界，东南到渤海湾，地势平坦辽阔。在北京城里行走，周围的建筑高度控制得不错，没有太压抑的空间感，尤其在长安街，两旁的建筑再稀奇古怪，也能被宽阔的街道尺度消减，最终成为故宫的外延。在北京的时候，总体感觉是在天地辽阔的空间下，人的自信油然而生，而表达欲特别强，曾经写过《北京啊北京》发表在《珠海特区报》，感慨总要找段时间去北京感受那种似乎从大地深处激活的力量。

北京的空间思维，坦荡、辽阔、无边无际，入住北京的酒店，车声与人声可以随时隔离，让人专注于自己的小宇宙。晨起的日光透进来，站在窗边，路上依然川流不息，但是天光微茫，视野下的建筑平铺直叙，消失在地平线，千百年来居留于此的人们，又能留下多少刹那光影。

北京的天安门延续着皇都的气度，每次过去北京到天安门，总会有恍然的时光隔绝感。天安门后的北京故宫强调的古都风貌带着一种让人坠入逆向时间的力量，车水马龙而物是人非，唯有这个巨大的、已经屹立几百年的建筑群，似乎还会天长地久地安然存在。我们这存在不过百年的灵魂，蝇营狗苟，感谢自己生逢盛世，可以将自己的时间从容谋划。

几个杭州印象

作为长江中下游区域著名的风景城市，杭州以“天堂之城”著称。1991 年我，我到杭州实习，对杭州的美好印象是基于各种传说故事和西湖胜景。也在西湖泛舟，到灵峰寻梅，在太子湾看植物景观。最后留下深刻印象的，还是恰同学少年时，男女同学吆喝着到西湖乘船的声音；还有住在招待所里，首次品尝昂贵银鱼时的惶恐；以及住着大通铺，翻阅《易经》给同学算命时的手舞足蹈。离开后，仍然念念不忘那里的东坡肉、宋嫂鱼、济公的灵隐寺、白娘子的断桥。彼时的杭州火车站配套设施极陈旧，城市也较低调。但是回望杭州，始终是个活在传说里的五色缤纷的城市。

2000 年元旦，我和大学好友蒋晓莉相约到绍兴兰亭。是日，阳光暖暖，日子散散，我们在附近无人的湖上荡舟，乌篷船里船娘温和有礼，给我们奉上了西湖龙井，做了霉干菜炖猪肉。我们在船上闲聊一些往事，慢慢鉴赏刚买到的《兰亭集序》的书法纪念品，恍然走入了风景，莫名地联想到张岱写杭州西湖“惟长堤一痕、湖心亭一点、与余舟一芥，舟中人两三粒而已”得江南闲适淡雅真味。此时的兰亭情景，也是“惟暖阳一掬、笑容一点、与乌篷船一芥，舟中人两三影而已”。相似的空间背景下，源自杭州的山水诗意穿透千年。

2012 年，我到华东一带参观考察，杭州钱江新城的核心区由欧博迈亚提供整体概念规划，大尺度的城市阳台整合了休闲观光、商业服务、交通设施等复合功能。前往旁边的杭州城市规划馆，看到设计新颖的室内装修和展览内容，很感动。杭州规划馆陈设应该是目前为止见到的最打动我的规划馆，互动的场景装置将杭州的蓝图徐徐展开，尤其是通过良渚时代—西湖时代—钱江时代的历史回溯，展望未来杭州湾时代的愿景，让我感受到这个传统的天堂之城的战略气度。看到规划整合了湿地、湖泊、滨江、向海的资源，油然升起与金君主完颜亮当日听到柳永那首《望海潮》时相似的心情：大好河山，不挥鞭更待何时。之后，杭州在新的蓝图指引下，不断在中国的城市榜上飙升。2016 年 9 月，G20 杭州峰会上，张艺谋导演了一出山水实景表演，中国风情、江南风景、杭州风物徐徐呈现，让人再次感慨欣逢盛世。

2018 年 11 月，因参加北京行业学会组织的活动，我随浙江省城乡规划院副总工赵鹏参观杭州白塔公园。听赵总详细介绍了白塔公园涵盖的工业遗址、西湖遗址、京杭大运河遗址的多重视角，以及旁边玉皇山南基金小镇的孵化历程，很受益。夕照里白塔公园与六和塔遥遥相望，微醺的初冬光影里，意象缤纷，气韵悠远。2019 年，位于杭州余杭区的良渚文化古城遗址被列入世界遗产名录，发掘出的遗址显示出公元前 3000 多年的良渚古城已经具备修建复杂水利工程的能力，而遗址中出土的玉器显示出成熟的国家祭祀礼仪，将中国国家社会的起源推到与古埃及、美索不达米亚和古印度文明同样的时间，表明长江流域的文明与两河流域文明、印度河文明同步。

2021 年，《杭州国土空间总体规划 2021—2035 年》发布，看到未来杭州的定位是“数智杭州，宜居天堂”，不由仿柳永的《望海潮》填之：

望海潮·京杭大运河

千里江山，京杭际遇，钱塘潮观繁华。

桥接杭甬，湾区竞渡，预设百万人家。

潮痕上下沙，思富春山居，诗画无涯。

滨水小径，连城入舍，品茗茶。

天堂国土好宜居。有智慧引领，文创谋划。

西湖问道，运河夜游，声色宋城奇葩。

千镇拥繁花，可朝弄资本，夜归小家。

异日宏图盛景，归去老庄兮。

京杭大运河相关

第一次接触京杭大运河，是 2014 年参与扬州廖家沟中央公园规划设计投标时，得以全面了解扬州的历史和未来。从隋炀帝修京杭大运河到清代的漕运，扬州一直受益于大运河的存在，现在还是国家重点工程——南水北调东线的水源地。越了解扬州的历史，越震撼于基于国家战略而陆续启动的宏大基建项目。而水运的兴盛促使中国交通通江达海，元代马可·波罗从大都出发，一路沿京杭大运河南下，经扬州到杭州，最后到泉州。尽管不少史学家对马可·波罗在他的游记里所记述的曾在扬州任职一事存疑，但扬州人始终相信他曾到过这里，并在大运河东关古渡附近修建了马可·波罗纪念馆。

杭州的京杭大运河游线开辟了夜游路线，从武林门码头开始，经信义坊、大兜路历史文化街区、小河直街历史文化街区，最后到运河最南端的标志——拱宸桥。我没有全程游览过，但是到过上海的朱家角、苏州的周庄、湖州的南浔等著名水乡古镇，这些古镇依托周边四通八达的天然水网，发展成商贾云集的水陆码头，孕育丰富多样的产业业态，造就江南繁盛的自然及人文景观。

2021 年春天，我到乌镇游览，抵达京杭大运河乌镇段时是下午时分，无阳光，在白莲塔寺旁看运河，水面开阔。这条存在了千年的水道上，仍然有货船缓缓开过。千百年来，多少江南水乡依托大运河，如同电路，经过各种串联、并联，最终汇集到主干运河，通江达海，维系着历代王朝的经济命脉。

随着技术进步，交通方式变更，公路、高速铁路、飞机替代了水运，形成更便捷的物流体系。京杭大运河目前成为历史遗址，代表这个国家千年的印记。京杭大运河国家公园北起北京，南到杭州，连通京津冀和长三角。如果在未来形成一条水上历史游线，那么京华烟云、燕赵悲歌、齐鲁儒风、江南风情等景观风貌将会依次呈现。而依托主航道，各个支流启动的修复和更新，可以保证水系连通，兼顾城市雨洪管理，也会推动历史遗址保护与文化旅游发展。华夏大地以文化地理为卷，以纵横水网为脉，以历史感知为轴的大文化旅游图景，将在不久的将来呈现。

西行漫记

2021 年是中国共产党成立 100 周年，有不少纪念活动。我借此机会重温了一些历史，顺便回翻了埃德加·斯诺的《西行漫记》(又名《红星照耀中国》)，这位美国记者于 1936 年在中国陕北苏区辗转采访四个月，最终成书并出版，这本书激励了无数青年奔赴延安。我于 2014 年跟团走西部，记录了行程点滴，如今回顾当时的游览观感并记之。

西安印象

2014 年暑假，我制定了全家去西安及周边旅行的计划。7 月 26 日，启程坐早班机到西安，从机场到酒店的路上，开始感受西安的初始印象。阳光淡淡，天色青灰，有轻度霾，相比深圳，湿度明显下降，即使气温很高，体感也是舒适的。

进入西安主城，老城的气息扑面而来，到了古城墙地段，厚重、质朴、沧桑等词汇依次在脑海中涌现。古城墙在夏日浓荫的映衬下，诉说着很多往事。后来西安编制绿道规划，古城墙绿道成为特色和亮点，可以想见行人行走在古城墙，观西安城市的几条重要轴线，遥想汉唐长安城的格局与历史深处的繁盛，想起脚下的泥土曾经垒砌多少秦砖汉瓦，多少古人曾经在此留下足迹，对我们古老文明的敬意油然而生。

到西安，必游兵马俑。参观前，我因各种资料、纪录片、电影等看得太多，到了现场反而没有特别的印象。因为是暑假，到处人头攒动。先到了珍宝馆，看到了著名的青铜马车，造型丰满舒展，很养眼。

然后到 1 号馆参观，想到这是 2000 多年前的文物，还是很激动。看到各种坑道和泥塑兵马俑造型，《古今大战秦俑情》《秦颂》等电影如电光火石一晃而过。关于秦始皇的功过已经有太多的论述，其中的文物、历史可能在相关的文艺作品欣赏里看得更直接明确一些。

木心说中国这坛酒从先秦开始酝酿，唐朝打开盖子，醉倒了东亚各国，成为亚洲农耕文明巅峰的代表。文学、哲学、史学、宗教、绘画、艺术、科技、医疗、农业等都是一时无两。2012 年，西安重新编制城市总体规划，再现八水润长安的格局，要重振当代丝绸之路上的世界级历史文化名城。最后一天行程结束后，我们到了西安雁塔广场，看灯火辉煌，看盛唐气象。当时写了一篇《唐诗地图》：“在雁塔广场区域内树起诗人群像，将唐诗镌刻在灯柱上，照亮西安的夜空。这些依次静立的灯柱，承载的是千年的浪漫情怀和欢喜悲悯。”

历史上的西安被选为都城是因为有秦岭和黄河，秦岭是父亲山，黄河是母亲河。随着都城建设的资源消耗和关中地区的过度开垦，秦岭和黄河上游的生态破坏严重，至今仍未恢复，这个账也还需要今人慢慢还。

西安要在新一轮的城市发展中再现大唐盛世，定位为连接新的丝绸之路、亚欧大陆桥的新桥头堡。要迎接这些机会和挑战，就需要正视水资源的困境，通过更加有效的生态恢复手段，重现汉唐时代的自然风光。

黄帝陵

在西安走马观花地看到著名女建筑师、工程院院士张锦秋的不少作品，例如陕西省博物馆就是她设计的号称新唐风的建筑。黄帝陵祭祀大殿也是她的作品。黄帝陵是轩辕黄帝的陵寝，位于延安市黄陵县城北桥山，黄帝陵祭祀大殿也叫轩辕殿，外观仿汉代宫殿造型，端庄厚重，其上为巨型覆斗屋顶，中央有直径 14 米的圆形天窗，阳光直入殿内，下方有黄帝雕像石碑，每年的黄帝祭祖活动在此举行。张锦秋院士将其设计特点总结为：山水形胜，一脉相承，天圆地方，大象无形。踏入殿内，历史厚重感扑面而来，很有特别的仪式感。这座宜古宜今，集景观建筑和祭祀建筑为一体的轩辕殿，令人一直久久难忘。

黄帝陵古柏群，是中国最古老、覆盖面积最大、保存最完整的古柏群。黄帝手植柏相传为黄帝亲手所植，是世界上最古老的柏树，被誉为“世界柏树之父”和“世界柏树之冠”。在景区的百家姓处查了下黄姓与庄姓的渊源，到衣冠冢拜了拜就离开了。这些古老的传承，形成了家国天下的传统，即便如我们般的一介小民，也会回首来处，祭拜祖宗，抚育子女，生生不息。

延安

从黄帝陵出来后，一路到延安，时空转化，从一个圣地到另外一个圣地。延安有“三黄一圣”的美誉，分别是黄帝陵、黄河壶口瀑布、黄土风情、革命圣地。我们到枣园旧址参观了毛泽东、朱德、周恩来、刘少奇等领导人的旧居，枣园作为重要的红色教育基地，不但讲述延安当时的峥嵘岁月，而且传达着延安精神的重要性，包括实事求是、理论联系实际、全心全意为人民服务、自力更生艰苦奋斗等。因为曾参观过遵义会议旧址、西柏坡旧址，很能理解习近平总书记在党的十九大报告中的一句话：中国共产党人的初心和使命，就是为中国人民谋幸福，为中华民族谋复兴。

白日的延安市容比较平淡，我带着老妈在宝塔山留了影，抽时间到延安干部学院门口转了一下，之后上了旅行大巴，一路向黄河进发。沿途看陕北风景，车内导游唱起信天游，窗外的风景也和南方不同，夏日阵雨之后，似乎空气里的浮尘都被水汽拥抱着悬浮在空中，有种泥土的味道，也有种干脆的清爽。

壶口瀑布与黄土人家

去黄河壶口瀑布游览，一路看沿河的山丘如同长了绿色薄绒毛的土馒头，绵延望不到头。多年生态恢复和水土保持的成绩还是看得到，但是生态现实还是让人触目惊心。

夏日的黄河并非丰水期，壶口瀑布没有想象中惊艳，但是走到瀑布边，溅到身上的水有种黏糊劲儿，想起来因为含沙量大，所以都有胶质特征。

壶口上游的水面宽阔，山势略浑厚，水汽氤氲，也比较温柔。与长江的峥嵘壮阔相比，黄河岸边山色带着暮气，也有种疲倦。但是，黄河与沿岸的山一样，那种自带洪荒时代印记的气质，并不是每条河都有。

晚上住黄土高原，体验窑洞民宿，遥望延绵的黄河两岸，别有一种遥远的荒凉气息。窑洞人家很质朴，吃过饭在田间散步，各种果蔬供应都如同小康人家，殷实、健康，阳光下的向日葵也有醉人的光。

华山

考虑到家中有老人，去华山是参团，路线按照西峰上、西峰下设计，买了票之后乘坐大巴到索道站，登上西峰索道。索道开始时比较平缓，真正进入华山精华路段的时候，惊心动魄的大幅山壁如画卷一样展开，任何语言都是多余，只有对大自然鬼斧神工的赞叹。中国的秦川大地真的是被上帝亲吻过的土地，黄土高原不但有滋养作物的沃土，还有让诗人们击节赞叹的绝美山川。

到了索道站，沿着游览地图走，看到华山的风姿，联想了一下金庸小说《笑傲江湖》里华山派令狐冲和小师妹的故事。到南峰的时候人太多，没去体会玉女峰的惊险，南峰转东峰的山坳口有金庸题写的“华山论剑”几个字，标注着金氏武侠世界的人文地理。东峰山峰如画，登山台阶如蛇蜿蜒，松树丛点缀着山峰，登山的人移动着入画。

华山属于神仙山，《尚书·禹贡》曾言华山是轩辕黄帝会群仙之所。华山的存在，除了山川丘壑令人赞叹，还有传奇，有念想，让中华山川的西岳屹立不倒，让人们有攀登的向往，有体验的欲望，有做书画的念头，这就是中国文化生生不息的证明。

遥想冬日的华山万壑松风、白雪皑皑，会激活诗人的灵感、画家的笔墨，还会激励人们想仗剑疾行，行侠人间。

2014 年，我一路从东南到西北，从珠江三角洲到黄土高原，感知西安千年古都的气度，回忆盛唐气象，拜访黄帝陵和延安，体味自古而今的历史变迁。西部是黄河文明的发源地，中华文明源远流长的源头。黄帝陵延续昆仑一脉，昆仑为中华祖脉。对山水人文的溯源固然有助于感知天地人文的厚重、诗情画意的江山，却也令人更迫切地体会到生态修复的重要。生态兴则可持续发展，如果生态颓废之势不可挽，即使是千年的文明脉络，也挡不住风沙的侵蚀，最终成为黄土中任人凭吊的遗址。

2019 年起，黄河流域生态保护和高质量发展成为重大国家战略，除了应对气候变化背景下的西北发展格局，或许还有更深层次的地缘政治考量。在百年大变局的风云际会中，以西安为中心，联系亚欧，加强更广域的合纵连横，实现民族复兴，国家强盛。

澳大利亚行记

2018 年，儿子高考结束后，我们在暑假安排了澳大利亚旅行计划，从悉尼到布里斯班（含黄金海岸）再到墨尔本，囊括了东部三大特色都市区，因此观赏到了三个迥异的城市风情和滨海风光。蓝山和十二门徒等山岳悬崖风景，尤其是大洋路边的十二门徒，十分壮丽。此外，对澳大利亚的动植物印象深刻。本次旅行，我不但感知到北半球与南半球的差异，也感受到大洋洲与亚欧大陆的物种差异，还有既受欧洲影响又有本地特色的建设风貌等。

天地生人

因为南北半球的差异，我们从深圳出发的时候是 8 月 10 日星期五，正是华南的盛夏，而澳大利亚正值冬季，所以行李里带了一堆衣服。晚上 8 点起飞，经过将近 10 小时的飞行，抵达悉尼的时候，正是当地时间早上 7 点，比起美洲 12 个小时黑白颠倒的时差，欧洲 6 小时的时差，与北京只有 2 小时时差的澳大利亚之行应该是最舒服的。落地之后，看到冬日的艳阳映照澄澈的蓝天，精神为之一振。导游说澳大利亚最美的季节是 11 月初，正是他们的春花极盛的时候，因这一句话，我念念不忘，一直期盼有重游的机会。

澳大利亚地处大洋洲，作为南半球特立独行的板块，北部接近赤道，是亚热带气候，南部接近南极，属于温带。在这里夏令时和冬令时交替时分，往南极看极光，是人生必须要看的风景。澳大利亚孤悬在南太平洋和印度洋里，东面与新西兰隔海相望，北面为印度尼西亚，东部沿海人烟密集，中西部是荒漠，滨海风光、壮丽山脉、沙漠风情、城市景观兼备，动植物多样荟萃，真是个有趣有情的大陆。

因为特异于其他板块的地理位置，澳大利亚的生态环境长期以来绝少人迹干预，地壳板块分离之前遗留在这块大陆上的物种得以繁衍，并以独特的风貌继续生长，长成了一些样貌奇特，又让人觉得很有趣的动植物。在黄金海岸的卡尔宾动物保护园，看到了久仰大名的袋鼠和树袋熊，袋鼠们懒懒地在地上休息，树袋熊则萌萌地在树上发呆，一来因为尊重动物们的生活习惯，二来味道实在太大，所以没有如同其他团友一样，抱着树袋熊合影。澳大利亚的植物也让我目瞪口呆，例如在十二门徒景区看到的木麻黄，在悉尼看到的澳洲大叶榕，还有一些比起亚洲大陆的亲戚们，生长得更奇怪和富有生机的茶花、玉兰、杨梅等。

自然景观

到澳大利亚的第一个景点就是蓝山国家公园，这个景点似曾相识，三姐妹峰如同中国的张家界，远处的连绵峡谷又如同美国的科罗拉多大峡谷。但是相比张家界密集的群峰，它遥远、辽阔，衬托得三姐妹峰娇俏多姿，相比科罗拉多大峡谷干燥的天气和裸露的地表、稀疏的植被，整个蓝山山峦上林地翠绿，天地之间弥漫着妩媚的生机。幽幽蓝光来自澳大利亚特有的桉树，树皮洁净，可以阻碍山火，丛林因此散发一种纯粹而细密的光晕。

在黄金海岸，我们趁着导游在渔人码头吃饭的空档，到希尔顿酒店所在的滨海岸线游览，几十千米长的壮阔海滩，一望无际的海洋，岸边是鳞次栉比的度假物业。黄金海岸为了保证城市景观的多样性，城市设计导则规定所有的建筑不得出现相同的设计。这里成为当地人度假首选之地，渔人码头停泊着各色游轮，等待他们主人欢乐的假期开启。位于维多利亚州大洋路边的十二门徒石，千百年来的海风和海浪将在大洋路旁的悬崖逐渐切割、雕刻，成为姿态各异的独立岩石。惊涛拍岸，雪白的浪花被强大的冲击力击飞在岸边，如同海鸟惊飞。据说由于海风海浪的侵蚀，已经有三块石头坍塌，十二门徒石也被命名为“正在消失的风景”。台湾的野柳地质公园中的“女王头”目前也在风化中逐步缩小，有研究预测会在5~10年“断颈”。所以时不我待，抓紧打卡属于我们这个时代的风景，也是一种无悔吧。

人文景观

在悉尼，我终于近距离观赏到悉尼歌剧院。在悉尼河畔港湾大桥旁，它靓丽的身影成为无可争议的国家地标。

在墨尔本，我重点考察了这个号称“花园城市”的绿地布局。墨尔本城市中的公园绿地随处可见，建筑旁的绿带预留得也足够宽阔，与公共绿地融为一体。在市中心的绿轴上，不少机构不设围墙，连续、开放的绿地使建筑成为绿树丛林中的点缀，体现出其城市规划中的绿色理念。墨尔本是保留维多利亚时期建筑痕迹最多的城市，从早年的监狱、火车站、图书馆，再到后来的皇家展览馆，无不显示出典型的维多利亚时代的建筑外观。墨尔本是澳大利亚的文化之都，城市建筑都极具时代风格，火车站附近的联邦广场就是现代与古典的完美融合。融合了拜占庭及意大利文艺复兴时期各种元素的皇家展览馆（Royal Exhibition Building）建成于1880年，旁边的墨尔本博物馆（Melbourne Museum）建成于2000年，金属框架和玻璃幕墙将功能各异的建筑统合成一个整体，内部连接空间用拉膜结构，展出典型的澳大利亚植物群落，从亚热带雨林到沙漠植物，与展陈空间互相渗透，极为和谐。此外，由于气候原因，植物生得高大，林下的花境和草坪极具欧洲风格。在城市区域，绿地包围历史建筑，公园繁多。墨尔本作为“花园城市”名不虚传，也多次被评为最宜居的城市。

文化艺术教育

在悉尼的新南威尔士艺术馆里，我不但有幸看到毕加索和梵·高的真迹，还在地下四层的原住民馆参观到澳大利亚原住民的著名图腾，细密的白色小圆点构成拼贴绘画的主题，反而有一种稚拙的现代感。艺术作为无需语言的力量，无国界，也无时间的限制，在这里得以证明。

墨尔本还有个雅号：涂鸦之都。在街头的建筑围栏上，确实处处可见涂鸦之作。或者在一些雅痞风格主导的主流场合之外，允许一些非主流的、狂野的、情绪化的表达，不但能呈现多元互动的态势，而且能保证视觉艺术的多样性。

这次行程参观了三所大学，因为儿子即将升入大学，带他开始新学期前的世界观光，澳大利亚大学也是目的地之一。我们在悉尼参观了悉尼大学，在布里斯班参观了昆士兰大学，到墨尔本参观了墨尔本大学。大学的建筑基本呈现维多利亚时期的风格，尤其悉尼大学的主楼，围合的庭院在黄昏里有一种修道院的静谧。昆士兰大学是难得的以农学为优势学科的大学，我们抵达的时候，看到即将开学的学生们正在搞活动，阳光明媚，青春洋溢。墨尔本大学相对建筑密度更大，古典建筑和现代建筑交相辉映，尤其艺术学院新楼和老楼的对比分外鲜明，开学季到来，人来人往，朝气蓬勃。

北欧行记

2019年，因为想到北欧考察绿色城市发展现状，以及参观著名的北欧设计作品，顺便拜访诺贝尔奖的颁奖地，我们家参加了北欧四国旅行团。

夏至已至，白夜未央

2019年6月，全家跟团旅游，先后经停芬兰、丹麦、挪威、瑞典，还自费去了一趟爱沙尼亚首都塔林，算是五国游。从香港出发，经过11个小时的飞行，经停荷兰的阿姆斯特丹，再转机到芬兰的赫尔辛基。此时北欧正值极昼开始，先在飞机上体验到了白夜的壮丽景观。抵达赫尔辛基上空时已近凌晨，天空仍然明亮，透过舷窗可以看到落日的余晖，俯瞰大地，到处是湖泊，倒映着渐浓的晚霞，清透的空气中，天空与大地融为一体，渐渐弥漫一种梦幻气息。20日抵达挪威奥斯陆时正逢夏至，日出时间是早晨3:53，日落时间是22:43。21日凌晨四点起床，已经是阳光明媚，碧空澄澈，朝露在草丛中闪烁着晶莹的光。岁月静好，回望我们出发的地方，那个燥热的、喧嚣的、繁华的城市，此时远在某个角落。

深阔峡湾

北欧西临大西洋，东连东欧，北抵北冰洋，南望中欧，总面积为130多万平方千米。地形为台地和蚀余山地，冰蚀湖群、羊背石、蛇形丘、鼓丘交错是主要地貌特征。本次行程最吸引我的是挪威的峡湾，我们先后游览了松恩峡湾和哈当峡湾。在前往峡湾的途中，从温和的丘陵中不时窥见碧蓝的湖泊，仿佛置身于温婉的江南，进入高原台地，又似乎在云贵高原间穿行。穿梭在两个峡湾之间，停车观赏险峻峡谷，感受到近北极圈高原台地的景观，人迹罕至，冰雪未散，似乎又经历了青藏高原的苦寒。一日间感受从江南平原再到云贵高原再到青藏高原，也是难得的感受。

松恩峡湾是挪威最大的峡湾，也是世界上最长、最深的峡湾，全长达 204 千米，最深处达 1308 米。我乘坐在游船上，听闻如此惊人的数据，战战兢兢。松恩峡湾的观感有点类似于中国的三峡，只是感觉水更清，山更柔媚，空气更加空灵，丛林更加生机勃勃。得益于良好的生态环境和空气、水的质量，导游接了山上流淌的泉水直接分给游客饮用。看到飞瀑流泉，不由心生唐人诗意和宋人画意，对山水的感知全球通用，在清纯且人迹罕至的北欧，通过诗情画意遥想先秦时期的中国风景。

在峡湾间穿行，天气还给我们下了个注脚：山里的天，娃娃的脸。在松恩峡湾上船时还阳光明媚，到哈恩峡湾下船时已经大雨倾盆。乘坐小火车时因为大雨，形成不少瀑布。黄先生和儿子听从导游安排下火车拍那些小瀑布风景，我和老妈笑说这在贵州，不过是寻常景观。

幸福的北欧

北欧在维京时期以海盗闻名，从公元 8 世纪到 11 世纪，依托北欧峡湾易守难攻的地理优势，彪悍的海盗们一直侵扰欧洲沿海，并间接促成北欧利益共同体的形成，其中包括东欧及波罗的海三国（爱沙尼亚、拉脱维亚、立陶宛）。历史上，欧洲大陆分分合合，不少城市的规划格局、建筑风格、环境景观大同小异。现代的北欧五国在经济、地理上自成一体，人口密度在欧洲相对较低，经济水平则最高，是各种幸福指数榜单前十的常客。北欧诸国彼此错位发展又抱团取暖，高福利的政策保证民生幸福指数，高激励的产业政策保证可持续发展，又完美保留了历史街区和皇室遗址，还大力发展现代化城区且鼓励设计创新，值得借鉴。

丹麦的绿色经济闻名世界。在住宿的酒店旁，我晨起观察城市的慢行系统和自行车专用道，绿色交通与绿色低碳的环保理念和运动健身的健康计划关联，一举多得。丹麦确定以“零碳”为目标的发展战略，丹麦首都哥本哈根计划于 2025 年建成全球第一个零碳首都，丹麦的绿色雨水设施也荣获多项国际嘉奖。

在挪威的森林成为文学符号的同时，挪威的全国林业计划也很早启动，大片的绿色丛林保证了环境的可持续发展，也为农、渔业和旅游业的发展打下坚实的基础。随着峡湾路线的开拓，这里吸引了来自世界各地的游客，夏季欣赏明丽的山川景色，冬季观赏极光。挪威首都奥斯陆滨水区沿线，热热闹闹的码头承载来来往往上下船的旅客。从风雨亭到艺术化的树池，无不体现着北欧设计精致简约的品位。奥斯陆滨水区是现代的，旁边的市政厅是古老的，古典与现代，先锋与寻常，调和得自然而优雅。

瑞典首都斯德哥尔摩号称“北方威尼斯”，古典主义时期的建筑构成宜人的街区尺度，皇宫、广场、市政厅等城市要素与滨水街区、公园绿地完美结合。斯德哥尔摩的滨水街道交通分流得很好，公共车行道、自行车道、步行区划分合理，人人都在享受夏日休闲时光。在现代化的城区，建筑、街道设施、植物、招牌彼此设计得很和谐。

游走在斯德哥尔摩皇宫附近的街区，意外发现大饭店（Grand Hotel）的分店，惊喜不已。2014 年，维斯・安德森的《布达佩斯大饭店》向茨威格的欧洲精神和《昨日的世界》致敬，以 20 世纪欧洲的一家大饭店的主管和门童之间的传奇经历，映射出欧洲将近半个世纪的风云变幻。维斯・安德森强迫症式的电影审美展现了绝美的欧洲风情，斯德哥尔摩大饭店的门面湮没在历史街区里，附近的公园里有优美的合唱演出，处处体现出活在当下的人们依然传承着欧洲的一些核心价值观。

我们到达芬兰赫尔辛基的时候正好是阴雨天，在赫尔辛基大教堂附近观察它的政治中心和商业街区，颇有些萧条颓败之意。不过芬兰提倡极简设计，我在此期间，曾仔细观察过附近的建筑及环境设计，无人处亦体现匠心。

芬兰诞生了热爱自然的国宝级设计师阿尔瓦·阿尔托，被称为“北欧设计之父”。我参观了他的几处作品，似乎在冷静自持的北欧，这样的设计才有其生命力。还参观了岩石教堂，回归自然的建筑体现真正的消隐，西贝柳斯纪念公园的巨型乐器雕塑体现出强烈的设计感，虽然年代久远，但仍然感人。

爱沙尼亚的首都塔林，面积仅 158 平方千米，是北欧唯一一座保持着中世纪外貌和格调的城市。爱沙尼亚历史上曾一度是连接中、东、北欧的交通要冲，因此在欧洲历次战火中难以独善其身，先后被多个国家瓜分或管制，直到 1991 年正式宣布独立。塔林城区是世界文化遗产，穿行其间有种不真实的历史穿越感，在若干欧洲电影中看到相似的场景。

哥本哈根的“小”美人鱼

之前看“小雀斑”埃迪·雷德梅恩主演的《丹麦女孩》，里面呈现的丹麦风景是促成此次北欧行的原因之一。当电影里面出现的滨水风景画真实呈现在眼前时，如同天然的水彩画，明媚，有略微的湿意。那些橙色、黄色的建筑在阳光下调和出明亮的色彩，适合用彩色马克笔和毛毡针头笔，在纯度极高的水彩纸上勾画出一些动人的轮廓，再用细细的针管笔描摹那些帆船的桅杆，为画面增加温柔的笔触。

哥本哈根滨水区旁边，是欧洲城市惯有的市政厅，古色古香。导游不厌其烦地说着丹麦皇室的八卦，我戴着耳机，心不在焉地用眼睛丈量市政厅前庭的雕塑，没理会导游的絮叨，穿过公共开放景观轴，直接到现代城区。

北欧细腻的城市空间，衔接与过渡极为顺畅。哥本哈根市政厅古老的遗址隔了条现代的街区，直接与滨水区域现代感强烈的构筑物无缝衔接。海军码头旁停靠着一艘军舰，雄浑尺度和昂扬身姿将滨水区点缀得简约而大气。再往前，就是大名鼎鼎的美人鱼雕塑。或因安徒生给她的故事太动人，或因出现在各种绘本里的形象太熟悉，真正遭遇到实物的时候，居然有种恍若隔世的陌生。与名气相比，它的尺度实在是太小了。美人鱼雕塑是按照真实少女的尺度来雕塑的，比起珠海情侣路上手捧明珠的渔女雕塑，它很渺小，比起有着广场衬托的基础场地，它仅在海岸边的礁石上，似乎很随意。一拨又一拨的游客在它周围拍照留念。童话里的人物，自然活在一种纪念语境里，它能与附近神话中的雕塑一起出现，已经是巨大的进步。

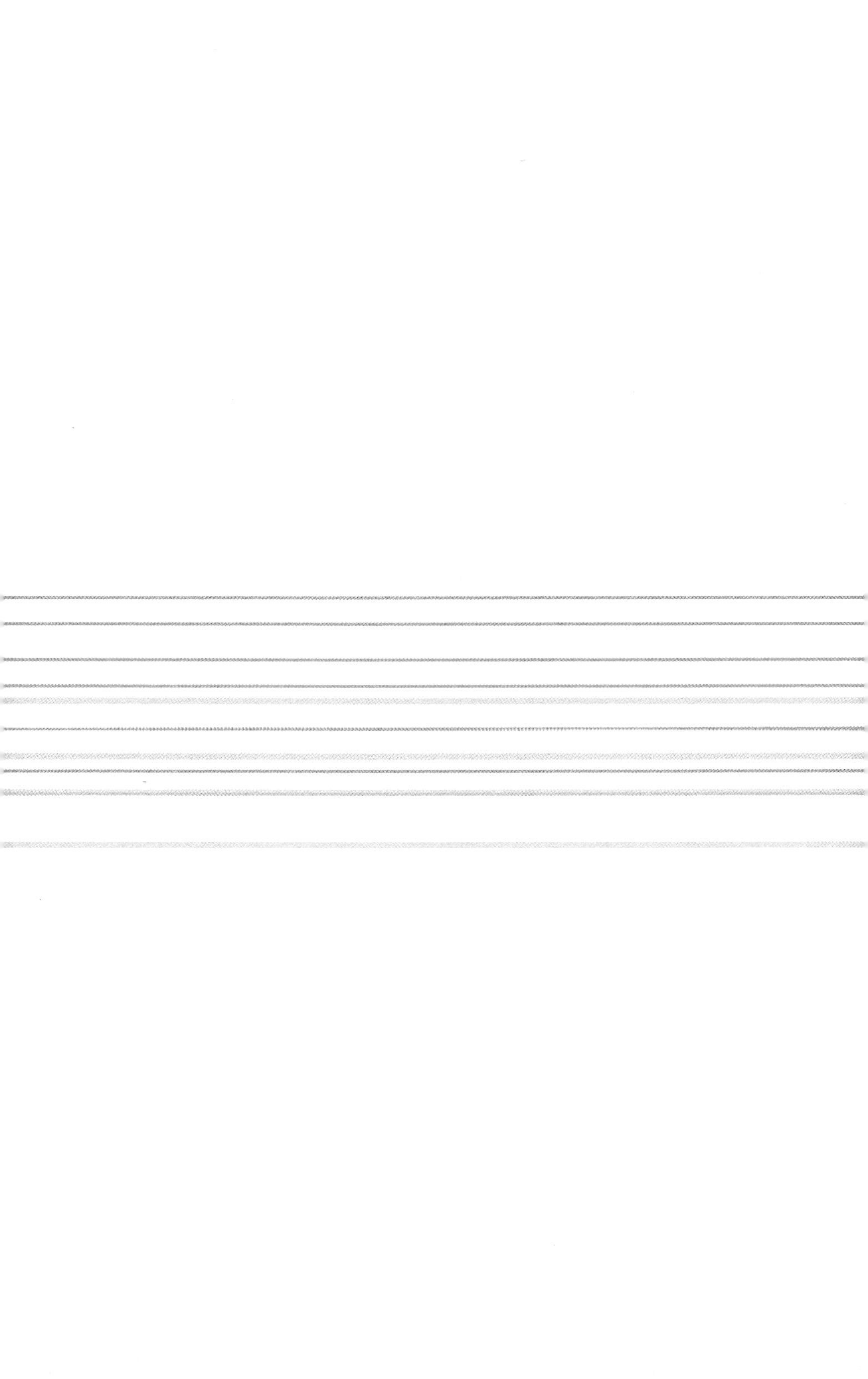

人间风情

故乡的风物

天地人城乡

我的故乡独山位于黔南州南部，号称贵州南大门，因为交通便利，汉代就有建制，属毋敛县。独山地处贵州高原向广西丘陵过渡的箱状背斜，著名的独山泥盆纪——石炭纪标准地层剖面。小时候常去的拉拢沟山形险峻，石壁姿态万千，飞瀑奔腾，读书时去春游，经常会拣到一些有动物、植物图案的化石。后来，这里开发成郊野公园，不少儿时的同学相约徒步穿越。

独山气候阴凉，夏天晚上也要盖棉被，我在离家以前很少体验过干躁燠热的天气。春天外出春游或者清明上坟时，山村里的桃花、梨花分外清新，夏天有时候浓雾弥漫，冬天气候湿冷，碰到凝冻天气，屋檐下长出“马牙冰”，地面有时结冰，上学时鞋子都要绑上草绳来防滑。

根据独山第七次人口调查的数据，全县常住人口为 26 万人，居住在乡村的人口占一半多一点。独山县域面积比深圳还大，有 2442 平方千米，城区面积 35 平方千米。县城的尺度恰好把人们的交往、读书、工作的距离控制在步行 15 分钟以内，三五步内的人家似乎总能扯上亲戚关系，在街道上走动，迎面而来若干熟悉的面孔，于是打招呼，闲聊。记忆里的独山，似乎是阴凉的天色下，无处不在的家常与熟人社会的细节，密密麻麻铺陈在各街巷。人情世故如细水长流，千百年来的生活，估计也是在各种人情客往、婚丧嫁娶里慢慢流淌。2018 年，看同是独山人的陆庆屹拍摄的，以他的家庭生活为素材剪辑出的纪录片《四个春天》，用寻常的镜头，展现我的家乡一对夫妇的日常生活，我的不少亲戚、熟人似乎都和他们一样，辛勤劳作，快乐唱歌，乐观应对四季轮回，哺育子女，与山水乐，与人情谐。在中国，散落着若干这样的小镇，有基本的社会组织，有基本的维系生活的商业，还有周围散落在乡间的，或近或远的乡亲，形成稳定而细微的社会单元。

抗日战争时期，国民政府迁都重庆，独山作为交通要冲，一度成为贵州第四大城市。我小时候经常穿过黄埔路到飞机场参加大型运动会。黄埔路上还有黄埔军校旧址，黄埔路尽端的前进飞机场是抗战时期紧急修建而成的，曾经有美国空军的许多飞机起降。1944年底，豫湘桂战役中独山的深河桥之战终止了日军在中国境内发动大规模进攻的步伐，因此中国抗战史上有“北起卢沟桥，南止深河桥”的说法。2013年，独山县建设抗战纪念公园。2020年，独山深河桥抗战遗址入选第三批国家级抗战遗址名录。

独山县城乡之间的边界没那么清晰，小时候不少同学家就在农村，我们家住在独山县医院，也在城乡接合部，不少医生还在周边农村买宅基地自建房。家里不少亲戚住在农村，小时候乡下的五姨妈家敬新房、杀年猪时，总由大表哥驾着马车，拉上一家人到乡下一起热闹一下。独山地势平缓，农村也依势建于山间、河边、高地。春天时，竹林掩映着灰瓦人家，有一两树桃花开得灿烂，而我小时候喜欢顺着医院后面的水利沟走到铁路旁，一直可以走很久。稻田两旁的人家，篱笆上攀缘着金银花，偶尔还有一两声犬吠，现在回想起来，都是温暖的记忆。

文化艺术

独山县影山镇是晚清著名文人莫友芝的故乡，他是金石学家、书法家，宋诗派重要成员，与遵义的郑珍并称“西南巨儒”。影山镇净心谷景区的奎文阁建于清朝同治年间，与莫友芝关联密切。

花灯戏是独山特色剧种，兴盛于清末民初，民国期间广泛流行于县内各乡镇及黔南部分县市。独山花灯戏剧目现存有140余出，我小时候还去大会场看过《七妹与蛇郎》，明亮的灯光下，男演员涂抹着厚厚的脂粉，在到处找女主的情节里张嘴焦急地喊：七妹！七妹！还特别好奇为什么他不说普通话，而是有浓郁的独山口音。

后来才知道地方剧种多半用方言表演，从这个意义来说，我们这些离乡的人，还是希望独山花灯传承下去的。我本人不会唱花灯戏，但是我的几个姨妈是会的，老姐妹聚会时，随口一哼，几个人都会相和，脱口而出的歌声如山泉自然流淌。后来，她们的年代有了很多新歌，尤其是后来被定义为红歌的那些歌曲，她们哼唱起来也是行云流水。《四个春天》电影里的妈妈和爸爸在田间地头，餐桌道路，随时开唱，这是我身边独山人的常态，“人无艺术身不贵，不会娱乐是蠢材”，很让人感动。

节庆民俗

独山人的春节、清明、端午、中秋等节日大多与全国各地无异，有一些独有的细节。独山的过年习俗是大年三十晚上关财门、放鞭炮，大年初一开财门、放早炮。年三十，家家比赛着先放鞭炮，吃年夜饭，往往是下午两点半之后，陆续有鞭炮声响起，催得人心急，赶紧将手头的事情做完，祭祀祖先，然后放鞭炮宣告年夜饭开始。小小的山城，不断响起此起彼伏的鞭炮声，是对抗阴郁冬日最有效的手段，也是引爆过年这个隆重的节日的序曲。

年夜饭是要讲究的，荤菜要吃猪肝，叫“快发财”；要吃猪耳朵，叫“吃衰菜”，意为将来年的傻气吃掉。素菜要吃淮山，淮山在独山叫“山药”，意思与吃猪耳朵差不多，要炸粑果和用滚刀切好的红薯，意思为“黄金果”；还要吃菠菜，意思是“红嘴绿鹦哥”，吃了之后来年口舌灵巧。除了整鸡、整鱼是祭祀的供桌上不能少的主食之外，其他独山盐酸菜做的扣肉，豆皮肉卷蒸好后切片的“卷珍”，鸡蛋做皮包的蛋饺，再加上炒三丁、炒腰花等，总要凑齐八盘主菜，加上香肠腊肉为佐餐，八宝饭为甜点，再配上金银丝（凉拌白萝卜和红萝卜丝），年夜大餐总是琳琅满目，还必备汤锅用来浸食材和加热。

独山过年有耍龙、耍狮子的传统。初三或者初五，耍龙队敲锣打鼓游街，大人们带上孩子，来自平塘、荔波的亲戚们一起上街看耍龙。按照老人们的说法，要“钻龙”，即从扛着杆子撑着龙身的表演者之间穿过——来年会行大运。还记得来自平塘的表哥绘声绘色地说钻龙要钻第三节（还是第五节），更加龙精虎猛。表哥们好胜心强，不钻走龙，要钻飞龙，即舞动起来的龙队。我跟在后面，按捺不住激动的心情穿梭在表演者队伍里，不时还看到一些老人家也加入钻龙的行列。还有接狮的表演，谁家有心，都可以在自家门前搭台，请耍狮子的队伍前来抢宝，图个热闹。有些台搭得简单，狮子队表演得也简单，有些台搭得复杂，狮子队也表演得认真。观众围观，发出阵阵惊呼，主人家往往将彩头吊在高处，等狮子队表演到高潮后赠与。彩头有时是现金彩礼，有时候是高档香烟。我在医院家属大院里看过几次惊险的表演，比日后在武侠电影里看佛山狮子队的高难动作差了不少，但还是趣味横生的。

耍龙之后，元宵还有烧龙的表演。将草扎的龙身放火烧着之后游街，行人可以对着游龙放烟火。黑夜里，表演队员们光着上身，据说身上涂了防烫伤的药膏。印象中有一年烧龙，看到队员们手持的杆子顶部着火，噼啪声让人心惊，之后据说出了点小事故。我表姐那年上街看烧龙的时候，被扔到脚下的花炮炸伤，之后就不让真的烧龙，安全了很多。后来春晚将全国人民锁定在电视机前，春节似乎也越过越文明，那种原生态的年味，渐行渐远。

端午节我们家习惯“游百病，斗百草，采杂药”，晚饭后，一家人到医院外，沿着水利沟采集一些草本、藤本植物，之后回家煮一大锅水，擦洗身子，清凉祛病。这个习俗我一直带到深圳。我们目前居住的园博园有大量植物可以选，每年端午采集马缨丹、蟛蜞菊等回家煮水泡澡，效果很好。

中秋节的记忆里，除了吃月饼，还有偷瓜。后来翻阅资料，早在清朝，中秋偷瓜已颇为流行。那时候我们家所住的医院宿舍，不少人家有院子，种了不少南瓜。过节时召唤同学，从医院大院一直偷到别的大院，月夜下惊险刺激而欢乐的场景，不知道现在住在高楼里的孩子们还能不能感受到。

神仙传说

独山因为也属于喀斯特地貌，溶洞、天坑等景观虽然不如广西丰富，但也颇具特色，最著名的是神仙洞，据说洞中的神仙水包治百病。我们有一年春游去过，洞口因为人踩踏太多，几乎已经被破坏得毫无景观价值，据说越往里走越精彩。后来封洞重新开发，我们去玩的时候，里面阵阵凉风透过大门预留的方孔吹出来，很解暑。2011 年我们到巴马做盘阳河咨询项目，到百魔洞调研，进去后凉风习习，唤起当年的神仙洞回忆。百魔洞据说因有磁场作用，空气负离子含氧量很高，而流经百魔洞的盘阳河水被磁化成小分子团水，有益于身体健康。巴马与独山地貌类似，不由回想起当年的神仙洞传说，或许神仙水治病也有几分道理吧。

独山的标志是独秀峰，这也是群山环抱中难得高耸而出的一座山峰。“从前有座山，山上有棵树，树旁有个庙”，还真是独秀峰的写照。独秀峰以前叫独坡，独坡的由来与张三丰有关。据说是张三丰赶山，一边赶一边歇，后来赶不动了，就将山留在了这里。小时候，我听外婆讲过不少张三丰的传说，后来查阅资料，原来他真的在贵州福泉山修道八年，那里现在也修复成气势恢宏的道教建筑群——太极宫。

想来我为什么对金庸小说有亲切感，从小时候张三丰的故事里，再到书本的情节中，自有一种神奇的关联吧。

地方物产

盐酸、臭酸、虾酸号称“三酸”，是独山特有食品。盐酸菜的传说与道教高人张三丰有关，在贵州流传很多张三丰的故事，其中包括教人做盐酸。盐酸即盐酸菜，以青菜为主要原料，加糯米甜酒、辣椒、冰糖、食盐，腌制好后色泽鲜亮，脆嫩可口。具有酸、甜、咸、辣的风味，用来下馒头，做扣肉，美味非常。臭酸是一种类似于酱料的东西，以金凤花为主料，窖藏后取其汁水，配以糯米甜酒、木姜籽、金银花等物坛酿而成。由于年三十之后天天要吃剩菜，臭酸就有了用武之地，成为独具特色的火锅底料。大锅上油烧热后倒入臭酸，加姜、蒜、辣椒等调料制好，之后将剩菜一锅乱炖，如果荤菜过多，则加豆腐吸油，也是独山人津津乐道的美食。我妈每年都要带上一两瓶回深圳，偶尔吃一餐开胃，全家人都很喜欢。

虾酸与臭酸的制作工序大致相同，以虾仁为主料，味道香浓，口感鲜香。虾酸佐味的食物中，以虾酸牛肉和虾酸肥肠最为出名，我记得小舅舅每次从荔波回独山，都要买上一两斤新鲜牛肉，用虾酸打底，美美吃上一顿。

独山人过年前会请人打糍粑。蒸好糯米，倒入粑槽（一种石头挖空形成的条形石槽），手执木桩一左一右地舂着，将糯米打融了，用手团成一个个圆形的团子，放置在旁边的竹席上，稍微压一下，就成了五颜六色的糍粑饼。阴干后一摞摞叠起，藏在棉被下，成为过年馈赠的礼品之一。印象里有白粑粑（纯糯米）、红粑粑（加了红色的颜料）、豆粑粑（掺杂着红豆）、小米粑粑（和着小米）、高粱粑粑等（掺杂着高粱）。食用时取出来或烧烤，或煎炸，或切片加甜酒糟煮食，可以一直食用到清明。打好的粑粑还会加工成不同的品种，比如将粑粑切成条，3~5 厘米长，半厘米见方，晾干后可以贮存得更久；用大铁锅炒香之后封装好，用热水泡来食用，可以当早餐；还可以油炸之后撒盐存放，可当下酒菜。这类派生出的食品有个很好听的名字，叫粑果。

小时候过年的惨痛记忆之一，是我妈老叫我切粑果，经常切得虎口生疼，还不能分心。现在常和老妈吐槽，切这么多粑果自己也不记得留点吃，都送人了，不珍惜你女儿的劳动成果，老妈笑。

民间技艺

电影《四个春天》也记录了打糍粑、做香肠的情节，还记录了唱孝歌的情景，电影里姐姐去世，请人来唱孝歌，葬礼上的孝歌是要唱彻夜的。唱孝歌可以当成正经营生，一旦唱好了，县城里口碑相传，总会有人来请。医院宿舍附近有个无业居民，平时有人家办丧事，他被请去唱，能换得几天好酒肉吃。

旧日独山人办丧事，抬棺木上山，若逝者为男性，则男性在棺木上扣暗鹅，若逝者为女性则扣彩凤。小时候，在老电影院对面有一家专门扎彩凤、暗鹅的小店，我放学时经过，总看到有红红绿绿的彩纸扎在竹篾编制的架子上。

冯唐曾经说过，在二十岁前呆过十年的地方，就是一个人真正的故乡。2021 年，我写《此心安处》，提及独山及深圳的过年习俗，想到我十四岁离家，一路兜兜转转，到了近五十知天命的年纪，才对故乡有全面的了解。我做了不少他乡的景观规划设计，却不知如何面对故乡的景观故事和现状，这篇风物记只能算简单罗列记忆的碎片，而不能阻止时代的进步。故乡的发展变化，或者每个人的乡愁，在某种意义上都是刻舟求剑。不变的，唯变而已。

粉面粥饭记

中华千年文明源自一方水土养活的一群人。温饱是最基本的生存要求，五谷丰登是农耕社会的美好愿景，“社稷”一词，足见农业之重。我们的祖宗知道感恩天地，天人合一，顺势而为，形成最质朴的生态文明观。当下温饱没问题，科技进步，生活节奏加快，对诗意生活的向往，对农村的感知似乎渐渐变淡。

城乡割裂由来已久，古代的诗酒田园是一种雅事，联系城与乡、庙堂与江湖、艺术与生活，还有“皇权不下县”的说法，让乡贤参与乡村自治，形成一种良性对冲。当下城市化成为大趋势，乡村、乡土、乡情渐渐被边缘化，不少农村凋敝，也有不少人厌倦都市生活，进入乡村做新的“隐者”，或者发展乡村旅游，吸引游客前往体验农家生活。我们工作的领域，也力图搭建当代城乡之间、人与自然之间、农业与工业之间的桥梁。建设美丽乡村，实施乡村振兴的战略，让四季农田的场所，可以成为一种顺势而为的、以天地为尺度的景观图景。

但舌尖上的种种最能唤起吃货们的广泛共鸣。我儿时印象最深刻的食物就是米粉，上学路上经过的稻田，也是大地景观的启蒙。春天细雨蒙蒙中秧苗的嫩绿，夏天暴雨后烈日下的生机，秋天收割前的成熟气息，冬天收获后残存的冰碴，成为我对农田景观最初始的印象，以及很多快乐的源泉。之后上学、工作，足迹遍布天南地北，米粉和面条各有所爱，一粥一饭，当思来之不易。

米粉

贵州人的日常生活，大多从早晨的一碗米粉开始。汤汁浓郁，米粉嫩滑，配料鲜香。生活不易，一碗米粉带来的幸福感，无与伦比。阿城说过思乡就是胃蛋白酶作怪。米粉润物无声地浸透了童年时快速发育的身体细胞，日后虽然见识随阅历增长，但故乡的味道随微细循环深入内心。

在老家独山，米粉可以当早餐、中餐、宵夜。我家住独山县医院宿舍，医院里的食堂供应的早餐就有米粉。有时候家里有客人来，端碗粉也可以待客。有时候老妈做夜间手术接生了一个新生命，家属会端碗粉感谢医生，老妈带回家后，我即使是深夜睡着了，胃蛋白酶也被那股特殊的带着葱花及油汤的香味激活。1977 年，我幼儿园毕业汇演，听说演出结束后有一碗米粉当宵夜，穿着演出服等了半天，可没人端给我，于是一路大哭着跑回家，可见对粉念念不忘。

因为米粉是独山最大众的吃食，自然就有一些口口相传的名店。初中之前，和平街小吃店口碑不错，我经常光顾。粉店位于老电影院对面的街巷口，低矮的店铺内，弥漫的蒸汽混合着肉汤及花椒、辣椒、葱花的香气，蒸汽后面，是几位头戴蓝白帽子，身系蓝白围裙的大妈忙碌的身影。

独山的粉分为两种，水粉和切粉，材料都是大米，做法不同，口感差异很大。切粉就是后来广东人所言的河粉，呈块状，吃时用刀切成条，水粉是圆条状，吃时从水中捞出，前面所提的和平街粉店的水粉最好。后来走了不少地方，还真没吃过如独山水粉一样细腻软滑的米粉。与之相比，桂林米粉和贵阳牛肉粉似乎多了胶体一般的添加剂，薯粉等淀粉生出的粉丝、粉条等又欠缺明显的米香。贵州各县都有各自的米粉精华，流传到外地且比较知名的，有贵阳的花溪牛肉粉、遵义的羊肉粉。独山人就猫在自己的一亩三分地，也没野心开个连锁。我只有回家的时候去吃，安慰一下蠢蠢欲动的胃蛋白酶。

我高中在都匀一中读书，周末上街改善生活，也是首选粉店，在街道两旁，挨家品尝大同小异的米粉。学生穷而口刁，以舌尖微妙的差异来定性粉店的口碑，老板要获得这帮小食客的交口称赞，纷纷于细微处见功夫，现在想来，对各种细节的精益求精，也是个技术活。

到了南京读大学，口味不合，关键是大学的早餐居然找不到米粉，我只好到湖南路夜市找一家西北酿皮吃，聊慰相思，转而对夫子庙的桂花藕粉、赤豆元宵念念不忘。那种细腻、温柔、妥帖，是对胃蛋白酶最好的馈赠。

毕业后先到珠海工作，珠海的早餐里有肠粉，做法和切粉类似，舀米浆倒入金属屉子里蒸熟，还可以添加不少佐料，几分钟后用铲取出，口感细腻，鲜嫩可口。可惜南方天气湿热，不能肆无忌惮地放辣椒，吃多了觉得口味寡淡。偶尔到茶楼喝早茶，点一份牛肉肠粉，其他茶点一起精致地摆上来，赏心悦目。

后来在深圳安家，深圳号称移民城市，各地地方菜似乎都能找得到，远的如越南米粉、云南过桥米线，在各商业综合体里似乎都有分店，近的有我家门口的牛状元，牛杂粉味道不错。还有来自广西的五谷鱼粉、柳州螺蛳粉、桂林米粉、长沙家家粉、贵州酸汤粉……我和老妈偶尔会去品尝。

在因工作出差的各种旅程里，渐渐发现米粉这种东西的存在比较有趣。云贵、广西等山区，将米粉花样做到极致，蒸炒汤拌，酸辣鲜香，铁板砂锅，成行成市，琳琅满目。贵州位于长江流域和珠江流域之间，在长江流域，从云贵高原起往西，在一些藏区还能吃到饵丝、饵块等大米制作的类似米粉的小吃。在珠江流域，米粉基本是常识一样的存在。广西酸笋是一大特色，每个广西人都会扒拉出各自的心头所好，南宁老友粉、柳州螺蛳粉、桂林担子米粉等。我到广西出差时，例行找到当地招牌粉店解馋，还记得柳州步行街的一家螺蛳粉，辣到肚子翻江倒海，但是真过瘾。巴马县政府门口那家粉店，意外地汤香气正。广西柳州螺蛳粉在淘宝上有不少金牌店铺，能将配料和主材标准化，将味道包装好售卖到全国，是个进步。

1992 年，我们全家从北海到海口参加轮渡旅游，在海口秀英港吃过一碗海鲜粉，气味臭不可闻，吃起来鲜香难忘。广东早餐以肠粉、汤河粉为主，炒河粉是宵夜的常客。2008 年做惠州丰渚园项目时，附近的老牌酒家杨记对面有家隆江猪脚粉，我至今念念不忘。

另外，从湄公河—澜沧江流域往下，越南、泰国、老挝、柬埔寨等稻米产区多半有米粉、米线。2015 年，我过芒街口岸后，直接找了一家街头大排档吃越南河粉，调味品五花八门，还有柠檬、茴香，观之提神。

四川一地，米粉和面条三七开。绵阳米粉历史悠久，成都担担面就是当地小吃明星担当。在湖南，米粉和面条和谐共处。到了湖北，天门米粉或许还秀一下存在，武汉的热干面已经是闻名全国的过早（早餐）。往南的江西还是米粉的主场，再往东，安徽、江苏、浙江作为长江中下游的鱼米之乡，米粉零星出现，没有中上游地区那样疯狂的存在了。我们曾经在厦门大学附近一个叫永安粿条的小吃店尝鲜，结果发现这个所谓的粿条和米粉类似。福建的面线简直就是面条和米粉的混合体，我个人不太喜欢，在台湾也吃过，还是输给著名的牛肉面。

黄河流域是面粉的主场。面条的天下，米粉作为外地小吃确实很弱势。在作为优质水稻产区的东北，米粉好像也没有多少存在感，这可能与东北的气候有关。

2013 年 11 月底，我到美国波士顿开会，会议历时 7 天，午餐时对着一堆汉堡、热狗、三明治发愁，后来买了地铁周票到唐人街吃中餐或酸辣粉。

2014 年 6 月，我在贵阳开会期间住铂尔曼酒店，旁边有二七路小吃街。一路看过去，聚集了贵州各地的风味米粉，食店又不断创新研发，加花甲、鹅肉、豆花、肥肠，色味诱人。除了汤粉、卷粉、凉拌粉等大米原料的米粉之外，冰粉、豌豆粉、红薯粉等其他材料加工来的小吃也来凑趣。贵阳凉爽的气候能将辣的层级随意调配，各取所需，辣味在鼻孔和舌尖回旋，深深浅浅，或激烈或温柔，荡气回肠。

晚上我在花甲粉店用晚餐。花甲粉比较有特色，用锡箔纸包住主要汤料和花甲，将米粉倒入后煮熟，再打开享用。对面两个女中学生在等待和品尝花甲的过程中一会儿交流着知己贴心的话，一会儿对店里服务员说哥哥再给我来点什么，一会对学校和网络的事件点评，很私密，很温馨，像极了当年周末到处找粉吃的我们。吃完花甲粉，辣得七窍冒烟，按照以前的习惯，要用甜品来安抚。于是到处逛，打包了甜酒粑粑、菠萝盖饭、玫瑰冰粉回酒店，在餐台前摆放慢慢享用，幸福得如帝王一样。

面条

面条源自面粉，面粉源自小麦，中国是世界上最早种植小麦的国家之一，以长城为界，以北大体为春小麦，以南则为冬小麦。从数量上看，河南是我国小麦产量第一大省，山东次之。从质量上看，跨黄河“几”字的河套平原是培育小麦的温床，又得黄河灌溉，面粉出品自然不错。陕西的关中平原是黄河支流渭河的下游冲积平原，土壤、温湿度等条件优越，盛产优质小麦。以上地区产生兰州拉面、山西刀削面、河南烩面这些名品面条，是自然的事。网上一搜“十大面条”，居然真有官方评比：2013年6月，由中国商务部、中国饭店协会等举办的中国饭店文化节暨首届中国面条文化节评出十大面条：兰州牛肉面、武汉热干面、北京炸酱面、襄阳牛肉面、山西刀削面、四川担担面、吉林延吉冷面、河南烩面、杭州片儿川、昆山奥灶面、镇江锅盖面。

这个榜单里，陕西的臊子面、𰻞𰻞面没有入围，而作为“过早”存在的武汉热干面拔得头筹，有点让人跌眼镜。此外，延吉冷面、杭州片儿川、昆山奥灶面、镇江锅盖面这种仅仅在当地口碑相传，并未流传到外地的小众面条也上榜，重庆小面、广东竹升面、贵阳肠旺面、沙县拌面不服。至于襄阳牛肉面上榜，我要替很多同时生产优质牛肉和特色面条的地方抱一下不平，就是新疆的大盘鸡面也独具特色。

黄河流域是小麦的主场，也是中华农耕文明的发源地，秦人打得天下，兜里装的锅盔也应该记一功。春秋时，齐鲁大地盛产哲学家，打的嗝里也应该有面饼的味道。孔孟学说经过实践证明适合农耕文明的家国治理，于是推而广之。但对于我这种生在山区的边民而言，小时候对语言意境敏感，比起屈原《离骚》金句里的花草清芬，《诗经》美言里的空气湿润生动多彩，《论语》的话语里，似乎有一股面粉的糙味儿，细细咀嚼才有清甜。

西北籍的导演对面条是真爱。张艺谋的《三枪拍案惊奇》里，闫妮甩着手帕一样的面条，王全安的《白鹿原》里，段奕宏对着面条狼吞虎咽，背景无一例外有八百里秦川。我后来在秦川一代旅游，夏日雨后被浸润的空气里，也弥漫着沙土的特殊气息。观赏黄河的壶口瀑布，皮肤沾上了奔腾的河水，干燥后也感觉黄沙细腻渗入，有种意外的缠绵。这种特质有时候会成为面条微妙口感的鉴别要素，越香的面条，面粉的颗粒感会越清晰，嚼起来越劲道，在口腔酶的作用下，细致而悠长的麦芽清甜让人回味。在黄河流域的省份里吃到的面条，多半有这样的特质。而在长江流域一带吃到的面条，嗜辣的区域重味道，面条口感在其次，一些不吃辣的地区的面条，比如上海的阳春面、杭州的雪菜面，面粉品质良莠不齐，口味见仁见智，到底不如北方的面条口感纯粹。

小时候的独山县城，面条作坊可以自带面粉加工，机器里出来布匹一样的面片，切割成条后一排排晾在竹竿上，架在房间里阴干，面条晾干码好后放入提篮里。有次随大人来取，看到架上的面条在阳光里微微晃动，散发金黄的光，至今印象深刻。家常面条多半要加上油辣椒，外婆当年自制一种菌子油，是将新鲜的蘑菇，用菜油炸到缩水，和油一起存储入瓦罐，浓香异常，每次面条里放三五朵，是一碗面的精华。上高中住校，都匀一中伙食很一般，下晚自习后到食堂打二两面条当宵夜，最简单的清水汤加酱油、猪油、葱花，偏偏吃得津津有味。为了给都匀一中的糟糕伙食找补，宿舍里人人标配一个小炉子，燃料是酒精或煤油，自己煮面条代替正餐的时候很多，酱油加辣椒吃了很长时间，有段时间想起来都反胃。

到南京上大学，先到上海转车，在上海车站点了一份名声在外的上海阳春面，吃完有点失望。报到后到学校对面某饭店第一次点面条，面汤、面条、青菜一锅混沌地端上来，碱水太多，颜色昏黄，味道弥漫着一股的疲沓无聊，吃得勉强。后来在南京湖南路夜市陆续觅到兰州牛肉拉面、凉皮等北方小吃，除了煮宵夜，就很少碰店里的面条，反而记得夜市街头有小贩挑着担子卖安徽小馄饨，几个女生在电影散场后围着等吃，温暖至今。

1996 年，我在中央工艺美术学院进修，经常到中国美术馆参观，之后拐到东四小吃街的一条小巷，那里有一家前店后厂的面馆，卖的兰州拉面口感特别好。后来每次到北京，都不忘到美术馆东街三联书店转悠，到饭点时间就到旁边一家面馆吃𰻞𰻞面，这家店特意我告知这个𰻞字如何写，真是沾了书店的斯文气。

2013 年，我们参加西安白鹿原规划投标，感念陈忠实在书里满怀深情地写渭河平原的农村景观，惦念王全安在《白鹿原》里将段奕宏割麦后吃面的场景拍得让人流口水，在西安期间都是变着花样找面吃，各种尺寸、各地出品、各种口味，好好过了瘾。

作为一名南方人，吃不到原汁原味、新鲜原生的优质面粉做的面条时，何以解忧？唯有方便面。方便面这个事物似乎一出现就是招人喜欢的，因为料包入水，香味沁人心脾。我最早接触的方便面很朴素，都匀一中旁，桥梁厂出品的方便面可以到柜台购买，一度成为正餐或宵夜的主角。

虽然有文章告诫大家方便面属于垃圾食品，但我就是爱这一口添加了若干香味剂的迷幻。科技进步和互联网又改变了当代人们的生活，想吃原汁原味的东西，网购也能实现。我曾经按照网络上的“十大泡面排行榜”分别购买过来品尝，新加坡叻沙海鲜面和韩国辛拉面比较符合我的口味。个人比较喜欢辛拉面的面条质感，放小砂锅里煮，焖一段时间之后添加调味包，虽然只有一包，浓缩味道精华，心理上也可以自己安慰一下：我没有放这么多的香味剂。

粥饭

在贵州、南京时，我对粥比较无感，直到到珠海工作，见识到广东人煲粥的功夫，没有米粉、盐酸菜、油辣椒安慰思乡胃蛋白酶的肠胃很快被广东的粥治愈。早茶可以选择皮蛋瘦肉粥、猪肝粥、鱼片粥、艇仔粥，宵夜大排档还有沙虫粥、海鲜粥等，不一而足。

砂锅粥是我们家的简餐中的最爱，一锅滚烫的米粥，配上虾、螃蟹、鸽子、鸡等各种新鲜食材，鲜香暖胃。还有各种根据煲汤手法配料的营养粥品 ，也能治愈湿热天气诱发的胃口不振。

米饭作为南方人的日常主食，泰国、东北大米各有拥趸，煲仔饭也能独立成餐品，其他糯米饭、红薯饭、扬州炒饭等，都是中国人千年总结出的食物精华。在中国，关于食物的话题以千万计，现在生活水平提高，虽不缺吃的，但也要谨记素简之道。2016 年，我参加广东省改善人居环境范例奖评选，深圳送评的一个项目叫“深圳市罗湖区餐厨垃圾综合利用项目” ，了解到深圳每年需要处理的餐厨垃圾数量触目惊心，有时想想，回归一些简单的食品，过一些简单生活，偶尔忆苦思甜，反而是一种健康思维。

腊八时按风俗煮腊八粥，粥的主材也是素简的粮食作物，混搭来煮食，一来顺应时节，顺便满足口腹之念想，二来也是提醒我们不要忘本，粥、粉、面、饭是素简食物的基本面，都值得好好珍惜。

方言记

巴别塔

我的出生地贵州独山是号称有千年历史的小城，汉代建制之后设毋敛县，那时估计就已经有官方语言通用，但是地处少数民族地区，苗、布依等少数民族语言也通行。我幼年时还在医院病房里见过一些穿着少数民族服饰的病人，妈妈也略知一些基本的苗语，例如吃饭叫“梗爱”，你去哪里叫“蒙及来比”等。隔壁荔波县开发旅游，水书成为一大卖点，在我看来，酷似反写的甲骨文，应该是秦灭六国时一些逃亡的族裔要固执地保留一些文化基因。后来到都匀上高中，得知黔南州一地，各县语言都各不相同，《圣经·旧约·创世记》第11章记载，人类联合起来兴建能通往天堂的高塔，为了阻止人类的计划，上帝让他们说不同的语言，使其相互之间不能沟通，计划因此失败。这个故事我认为是为世上出现不同语言和种族提供的最好玩的解释。作为对语音相对敏感的人，我一旦进入不同的语言环境，就仿佛被隔绝了一层看不见的屏障。五四运动100周年时，凤凰卫视回顾民国系列启蒙大师，其中有语言学家赵元任，以及最后整合了汉语拼音方案的周有光，前者似乎突破了语言的各种束缚，自由在世界穿梭，后者打通汉字与西语的沟通界限，对汉语言普及、汉文化传播功不可没。

中国自然地理与人文地理密切关联。从平面看，造山运动形成三横四纵的格局。从海拔形成的纵深看，高原、丘陵、平原与河流流域彼此关联。目前的经济地理，京津冀、长三角、珠三角是领头羊，成渝区域后劲十足。中国菜有京、苏、川、粤等菜系，语言也分官话、吴语、闽语、粤语语系等，回顾这些年走过的地方，听过的语言，随意乱弹一下。

官话系列

当今中国约70%的人口以官话方言为母语，主要分布在中国秦岭—淮河以北的大部分地区以及江苏大部、安徽中北部、四川、重庆、云南、贵州、湖北大部、广西北部、湖南西部及北部以及江西沿江地区等地。官话可细分为八种次方言：北京官话、东北官话、冀鲁官话、胶辽官话、江淮官话、中原官话、兰银官话、西南官话。1987年出版的《中国语言地图集》，学究气明显。毕竟亲身感知的一些语言体验，比起学术性的表达，更直观一些。

从懂事开始，广播里播报的是字正腔圆的普通话，让我等化外小民不由自主向标准普通话看齐，甚至看独山花灯时，还不习惯这个地方剧种出现独山本地口音。

高中住校时逼迫自己改掉普通话里的地方口音，大学时有来自西北地区的舍友，普通话更标准，我又不断纠正平舌音与卷舌音。但是南方人对前鼻音与后鼻音的关系，始终缠夹不清，直到1996年到北京进修，才渐渐明白in与ing的区别，让自己的发音越来越“普通”。

央视春晚里，语言类是重头戏，北方民众估计能乐在其中，感知方言微妙的喜乐气息，这些有表演性质的方言，其实已经脱离了日常表达。在一些因项目开会的场景，有几个地方的客户是固执地屏蔽普通话的，例如陕西、河南、山东、湖南、四川、贵州的客户，他们听到我们说普通话，也用自己不标准的普通话沟通，但是转头和自己的同事们商量时，会不由自主切换成本地语模式，这时候我需要努力地表现出听懂他们的言语，表达一些同理心，以获得更多平等的交流基础。

江苏吴语

我在南京上大学，这里从语言区域划分的话，属于江淮官话区域，所以被揶揄为“徽京”。南京话江湖气要重一些，我们到苏州、杭州实习，才真正体验到吴语区的语言隔膜。有句俗话叫“宁听苏州人吵架，不听宁波人说话”，可见即使在吴语区，彼此之间的差异也比较明显。在上海本地人比较多的区域，人们日常打招呼时眉毛轻扬，“哦哟、哦哟”的语气活灵活现地描摹着上海人的通用形象。在苏州，ao、e、ai 等悠长的语气词用半个口腔发声，说不出的温婉柔媚，如同自在娇莺恰恰啼。

闽南潮汕语

黄先生是汕头人氏，汕头属于广义的闽南语区域。第一次到他家，已经有了从云贵方言到陌生的白话区域的经验，现在再到陌生的闽南语区域，就习惯了这种相似的隔膜，任你南腔北调，我自岿然不动。2009 年到台湾旅游，听着服务人员尾音奇重的“哦”字系列，也忍不住笑，乘坐厦门航空的飞机起飞降落时，尤其喜欢听那一口闽南腔的播报：“人生路漫漫，白鹭常相伴”，似乎刻意将汉字发音搓扁摁长，用一种奇怪而固执的方式，显示着古音的存在。用闽南语朗诵唐诗宋词，确实比粤语、普通话朗诵更有味道。

英语及其他

至今仍然记得第一次听到英语的情景来自平塘的表姐放假到独山玩，几个大大小小的孩子到医院大院散步闲聊，表姐说起英语，大致是说一、二、三叫 one、two、three，真是刹那打开新世界的感觉，想到在世界的另外一边，有一群人在悠然地用一种发音方式表达着他们的日常，不由心生向往。英语那时给我的感觉是节奏与韵律都比较起伏跌宕，那种由音节组合而成的序列，带给人一种自由的表达。不像汉语字字铿锵，一字一音。

很多人吐槽中国人学英语的漫长和艰难，从小学到大学，九年义务教育加高中三年、大学四年，十六年的学习英语时间，工作之后往往还是很难真正掌握英文的流畅表达。我还记得大四那年，为了攻克英文六级，有段时间天天浸泡在英语书籍里，让自己如与世隔绝，后来过了六级之后，很少碰英文书，倒是看了一堆双语翻译的影视作品，感觉也没有对提高自己的英文水平有多大帮助。我于 2013 年初次到美国波士顿，下飞机后孤身一人，打开英文思维模式，向机场工作人员问路，在地铁里寻找换乘路线和出入口，还好顺利抵达酒店。前台小姐估计接待过若干英语菜鸟，我连比带划也能表达自己的意思。接下来一周的时间在波士顿大街小巷逛，渐渐发现英语其实真的是一种很容易掌握的语言文字，音节与字形彼此关联，读写之间能自动在脑海里形成逻辑。一回国，大脑自动切换成汉语模式，英语再度变得陌生。

后来了解过一些关于东西方对比的皮毛，汉字脱胎于象形文字，具象思维引发感性表达，极易强调高度浓缩的、思想性的内容，西语脱胎于字母文字，抽象思维引发埋性表述，极易解读一些工具型的繁复。中学为体，西学为用，中文助力了解价值观，西文方便解析方法论，我的英文思维，要到英语语境里才能开启，这种对立的统一，目前还没有机会自由切换，慢慢活到老学到老吧。

字母语系世界里，英语国家也没有覆盖欧洲大部，一方面是世界大同，一方面是民族的才是世界的。不仅非英语国家例如法、德、西班牙等要强调自己语言的独特性，中国的上海、广州也在鼓励本地方言的遗存与保护。这种对立统一，在未来很长一段时间内都会存在吧。

香港的声音记忆

粤港地区使用的语言是粤语，或称白话，与吴语系惯用半腔发音不同，粤语（白话）语系的不少韵是拉开前后口腔，例如 ai；

不少韵是加重左右口腔，例如 e；还有一些韵是包圆后闭合，例如 an。因此粤语歌曲音韵多元，表达丰富，但说话就觉得费劲。1993 年我刚到珠海园林所，一帮本地同事开腔，几乎以为到了国外，看电视的英文频道都比看粤语频道舒服。再后来，台湾拍了一系列《包青天》，香港无线电视翡翠台翻译成粤语后播放，津津有味地看了几十集，慢慢地就听懂了。在一些戏曲化的表达里，粤语的表现力依然强劲，例如金超群的包公，用台湾腔说“开～铡～狗头铡伺候”时，总不如用香港话说得铿锵有力、余韵悠长。

1996 年，我去过一次香港，参观了薄扶林郊野公园、嘉道理农场和海洋公园。在香港海洋公园乘坐缆车俯瞰维多利亚港，海水碧蓝深邃，海上穿梭的邮轮、货轮气象万千，地铁里游人们精神振作，礼貌有序。地铁各站点、郊野公园游客中心还有不同的宣传册，显示旅游、商业、环保、公益等资讯，充分体现一个国际大都会的先进和包容，以及市民自信。那段时间，陈慧娴的《千千阙歌》最能体现出我所理解的香港气息，富丽如天鹅绒，和谐且层次丰富，陈慧娴所处时代的香港乐坛星光熠熠，也应该是粤语歌曲的巅峰时期吧。

1996 年与香港声音关联密切的，还有电视。每周二，我准时守在香港无线电视明珠台前，追看美剧《X 档案》，片头略带神秘感的主题乐响起，准备再次进入多样的宇宙怪谈，以及男女主之间意味深长的平衡与对冲。通过这小小的视窗，与英语世界无缝同步。

2000 年，又一次陪家人到香港游览，这次从珠海九州港坐船过港澳码头，直接进入中环的高楼丛林。夜晚看维多利亚港的夜色，山海之间逼仄的空间里灯火通明，想到罗大佑那首歌：“东方之珠，我的爱人，你的风采是否浪漫依然……”之前看《麦兜当当伴我心》，片中奶声奶气的粤语童声合唱，歌词是香港俚语，旋律是西方古典音乐经典，呈现的却是香港底层民众和文化人的无奈，听得泪流满面，只有一声叹息。香港的音乐固执地寻求中体西用的融合，生命力似乎在流逝。

2018年，中国改革开放40周年。9月23日中秋前夕，广深港高铁即将开通，粤港澳大湾区发展战略启动，香港将进一步与大陆主板融合。在时代的潮流里，这个融汇东西、贯通南北的特殊港口，将会呈现出什么样的奏鸣旋律，南方的粤语壁垒，是否最终能固守本土文化的生命力，并与逐渐南下的普通话、外来的英语一道和谐交响？2021年6月，教育部发布《粤港澳大湾区语言生活状况报告》，要求将普通话教育纳入考评体系，进一步强化国家语言文字的应用能力，香港“两文（中文、英文）三语（普通话、粤语、英语）”的现状将进一步优化，更好地融入内地环境。希望香港的声音，未来仍然能在香港电影的影像记录里，在地方剧种里熠熠发光。

行旅记

机场、车站、码头等交通设施，是旅行的起点，也或是终点。我在独山的生活中，基本是步行，还坐过乡下亲戚拉的马车。后来在都匀读高中阶段，乘坐绿皮火车往返。上大学坐四十多小时的长途火车到上海，还要转车到南京，是人生中最漫长的旅途。工作后从珠海第一次坐飞机回家，都是新鲜的体验。到深圳工作后，则经常乘火车、飞机天南海北地出差。随着高铁不断发展，旅行的舒适度不断提升，国际长途旅行也经常提上日程。本文整理一下那些年的行旅点滴。

火车站

我很喜欢贾樟柯的一部电影，叫《站台》，片中提到的小县城民众对站台的一些朦胧感情，我特别能理解。站台是离散的场所，天下的站台大同小异，都跟旅途相关。回忆这些年经过的车站，随意记录一下关于车站的那些事。

我出生在一个贵州南部的小县城，家在城郊接合部，在黄昏或清晨喜欢沿着郊外的铁路晨跑。铁道旁的风景，有小村桃花，有篱笆人家，还有一望无际的稻田，再远处，就是连绵的群山。行走于铁路旁，会不时遇到经过的火车，或南来或北往，拉着旅客或者货物。细细的铁轨伸向远方，那是记忆里通向未知世界的通道。离我最近的那个站点，叫独山站。

独山站

我们家亲戚分散在附近的平塘县和荔波县，因为只有独山有火车站，两家亲戚假期来独山玩时，我有时候会带他们到独山火车站炫耀。早年的独山站感觉富丽明亮，气度不凡，淡淡的绿色调充斥车站的每个细节，即使只是在外围远观，也觉得那是一种力量的象征。

多年以后我重回独山，远眺那栋不起眼的车站建筑，几乎无法想象那就是我记忆中宏大的、气派的地标。或许幼时的空间尺度与成人之后的空间尺度大不相同，我记忆中那个小小的县城，正好装得下小小的眼界。那时候的独山站，有机会进出体验的时候不多，一直是远观的对象。有一年，安徽的大姨一家回贵州给外婆祝寿，我们一群小孩被安排到独山站接人。在孩子小小的眼界里，独山站是远方的重要节点，也是县城精气神的象征，与其他几栋地标建筑一道，构成我们普通的乡愁。

都匀站

高中时离家到都匀上学，对独山站的空间感渐渐淡化，都匀站成为多次上下车的目的地，功能性的意义大于地标性的意义。有年回家途中，和同行的独山同学一道，在黑暗的车厢里等候了好久，直到另一条轨道上快车呼啸着通过，我们的短途列车才慢慢启动。那时候回独山的车，有一种类似于今天地铁的两排座的零担车，中间宽旷，小站都停，方便镇集之间的居民携带货物来往。都匀站于我的意义，在于体验了快车、普通快车、零担慢车的速度，看到更远的远方。

麻尾站

收到南京林业大学录取通知书的时候，我似乎没有多少喜悦，这个并不是我填报的第一志愿。当时也并未想到前往南京的旅途不是很顺畅，至少会为自己的求学之旅平添很多麻烦。从独山到南京，必须转两次车：从独山到麻尾，从麻尾到上海，再从上海转到南京。

麻尾是独山县辖的一个镇，因为是贵州南大门，所以沪昆线在这里设了一个小站。我漫长的求学旅途从麻尾开启，因为是半途小站，买到的大都是站票。妈妈有个学生的爱人在铁路上工作，第一次亲眼看到他塞了两条烟给火车上的工作人员，换来我到司机轮岗的卧铺提心吊胆地休息。后来就再也不愿意麻烦人家，宁可在麻尾上车之后，一路厚着脸皮打听乘客们的下车目的地，如果是就近到柳州、桂林的，就耐心地守候在一旁，有一搭没一搭地和他们拉家常，守株待兔地等候他们下车，开启40多小时前往上海的长途之旅。

从麻尾发车之后，夜晚经过柳州与金城江，见识过最美的旅途风景，月色明亮，喀斯特地貌的山形柔和，潺潺流动的河水闪烁着银光，岸边隐约地镶嵌着丛丛簇簇的凤尾竹。过广西之后天明，然后过丘陵湖南、红土江西，一路到山温水软的江南。

上海站

20世纪90年代的上海站，代表着火车站的最高水平，规模宏大气派，座椅整洁明亮，车站秩序良好。有次我在上海站等待换乘，在夜晚睡着了遭遇小偷，醒来后赶紧报案，没多久便衣警察叔叔就笑眯眯地把我那个紫色的小包拿了过来……

上海站的故事里，印象深刻的是1991年，我从南京出发在上海换乘的途中捡到一只小猫，一路跋涉带它回家。也是那一年，和一群贵州老乡学着扒车，方法是算好贵阳出发到上海的车的进站时间，提前跟着别的车次进入站台，在车辆进行整理的时段内迅速地找到车厢两端的两排空座，寻找没有关闭严实的车窗，翻窗进去潜伏。据老乡学长们的经验，这一头一尾的座次是不卖票的，方便我们这些无法买到座票的中转客。那一年我将捡到的小猫用衣服包着，死命地摁着过了检票口，先将它从窗口甩到座位上，接着身手敏捷地爬进去，在黑暗中祈祷不要被驱赶，等待车辆发车。

我写过一篇回忆文，叫《家猫》，一不小心，时光呼啸而过。

南京站

相比上海站的尺度和豪华程度，南京站简朴很多。第一次从上海转车后经过苏州、无锡、常州，沪宁线两旁是江南温润的风景。直到渐渐靠近南京，低矮丘陵渐起，郊野风光渐浓。进入南京城区的时候，车两旁昏黄的城市灯火将天空映衬出一种略带疲倦的慵懒气息，也莫名带着一种褪色旧衣似的包容与贴心。我记得南京站旁有2路车直接经过学校，那时一看到2路车，心里便如归家般的踏实。

从南京站出去后就是玄武湖，水色混沌，并未如贵州那些河湖溪流清亮，我是没有多少惊艳的。但是有一年妈妈带着家里的亲戚来看我，那是“五一”前鲜花盛开的季节，南京站与玄武湖之间的绿地里种满了虞美人，我和表姐在虞美人花丛里合影，那背景亮丽得不像南京的气质，印象鲜明至今。

广州站

1993 年，我到珠海工作。那时候的交通方式只能先到广州，然后再转乘大巴到珠海。第一次到广州时，珠海园林所的陈所长还到广州站来接我。下车后，对广州站的浓烈酸腐气息印象深刻，所以不论附近的高楼有多少霓虹灯闪烁，有多少富丽的大厦林立，对广州的印象一直不太好。而且，神奇的是，广州站这么多年居然从未进行过大改大修，真是够从容。

香港西九龙站

高铁改变了中国，也将不少记忆中的老火车站抹平。近几年频繁出入福田站，因为从这里搭乘新开通的广深港高铁，到香港不过 12 分钟，一杯咖啡没喝完就到了。到达香港西九龙站之后，一地两检，自助通关，还有不少机器人巡视，技术进步给人们出行带来不少便捷。香港西九龙站连接香港九龙站和柯士甸站，还集合了一座圆方购物中心，集购物、休闲、餐饮于一体，成为时尚场所。

每次到香港看望在香港大学读书的儿子，都先从香港西九龙换乘机场快线到亚洲博览馆，再计划换乘 970 路大巴直接到他的宿舍。经常在迷宫一样的交通枢纽里兜晕了头，最后还是妥协，回去换乘地铁。在便捷的轨道交通里，感觉人也如同高效的鼹鼠一样在不见天日的地道里穿梭，有时有点怀念那些没有速度，但有各种风景与气息的车站。

其他站的二三事

印象深刻的车站，还有大学时期经常去看大姨时到达的安徽管店站。这个站如同当年在都匀乘坐的慢车才能抵达的小站，我妈的大姐千里迢迢为爱情嫁给了管店中学的校医，开启我们身处贵州的一众亲戚关于远方的话题。在湖南衡阳站，寒假返程途中的我目睹过南下民工肩挑手扛在站台上虎视眈眈，随时寻找有空隙的车窗，发现之后扁担就伸进来猛力撬开，一群人如潮水一般翻进来，乘务人员一到衡阳站就如临大敌。

近年来高铁不断增多，高铁站似乎大同小异，不同的只是站旁的风景。池州站附近有温润的绿色山林，肇庆站附近有线条峻拔的群山，泉州站挨着著名的清源山……车站是线性运输空间的节点，狭窄的车厢里，容纳着一些有缘同车的人，演绎着无尽的悲欢与若干的故事……

机场

飞机是技术进步的产物，飞行是改变当下人世界观的重要行为。航空业的发达，让人类实现飞翔的梦想，让世界成为地球村。当年自己选择风景园林专业的初心，是有诗情画意，有远方。机场作为远方的起点和终点之一，也具备了温柔的特质。千山万山，江河湖海，大铁鸟的视野，由此开启。

贵阳

在贵阳的龙洞堡机场起降的几次，得见高原清晨壮丽的瀑布云风景。高铁开通之前，我常常乘坐飞机回贵阳，只要天气晴好，飞抵贵阳时，飞机下方耸立的一群群绿色丘陵就提示近乡情怯。落地的一刹那，已经迅速调整到贵州的空间思维模式。

深圳

所谓没有对比就没有伤害。深圳新机场外号“大飞鱼”，不论是安检后抵达登机口，还是从下机后抵达出租车乘坐点，漫长的行程真心让人怀念老机场便捷的交通换乘。2018年，我们从深圳直飞澳大利亚，对比发现深圳机场虽然室内照明暗淡，但确实彰显了国际范儿。

广州

广州白云机场是我经历过让人比较崩溃的机场，如果来接人或被人接，必须要千叮万嘱明确地点，要不然就失之毫厘，谬以千里，而且白云机场内部的标识体系很容易让人发晕。但是在穿行间，不经意与一群白衣白袍的中东人交集，或者与一群黑肤黑衣的非洲裔旅客打照面，这里的国际范儿倒是很明显。

上海

因为经常出差，我这个旅客其实更关注方便、快捷、安全等要素，比如深圳老机场可以很方便叫到出租车，不像新机场起码得暴走二十分钟才到乘车点。上海虹桥枢纽外观不如浦东高大上，但其飞机、高铁、地铁换乘是最方便的，因此我如果到市区办事，多半选择虹桥作为目的地。上海浦东机场的吊顶镶嵌着若干悬挂的铁臂，真有万箭穿心的隐形恐惧。和深圳机场一样，安检之后奔赴登机口，要走很长时间，但是浦东国际机场内的雕塑艺术，比起深圳而言，要有品味得多。

珠海

1993 年，我刚到珠海没多久，就听到了珠海机场建设的宏伟目标，之后兜兜转转一直关注这个超前工程。但是当时珠海经济总量和人口发展规模，尤其是财政收入不足以支撑如此庞大的建设需求，所以建设计划一再搁浅。后来历经种种磨难，机场终于建成。我有次飞深圳，因为天气原因迫降珠海，终于有机会一睹这个话题机场，内部设施很完美，人气确实不足。

香港

香港老机场我没去过，听说当年贴地飞行的大飞机可与居民楼亲密接触。我所经过的机场里，香港新机场的门户效应最强烈。从机场快线开始，飞驰的列车有一段是经过山海间，香港山海城的恢宏印象深入人心。之后，中英文交替出现的国内和全球各大城市目的地在航班显示屏里不断闪烁，强烈地显示了香港这个融汇东西、贯穿南北、联系古今的中国特别行政区的区位特征，“亚洲国际都会”的 LOGO 也在时刻提醒往来旅客其特殊性。香港国际机场室内超强的照明体系也让我印象深刻，免税店的商品似乎都因此分外高档。

欧洲

欧洲机场基于人口规模，相比中国这些巨无霸机场，规模都不大，但是设计感都很强。德国法兰克福的机场室内设计很酷炫，座椅都非常有艺术范儿，但是没时间好好体验，也就过把眼瘾。法国巴黎戴高乐机场外部风景迷人，春天盛开的小黄花让人心动。

美国

美国机场给人的总体感觉是体量巨大，设施陈旧。纽约机场的安保是最烦琐的。因人口规模小，波士顿机场尺度不大。2013 年，我从纽约转机到波士顿时，是当地时间下午 6 点多的样子，地铁、机场接驳车上已经没几个人，上去后心里惴惴不安了好久。芝加哥机场接驳火车很方便，在地面穿行，两旁的建筑上有不少涂鸦，人烟稀少，印象深刻。

其他小机场

湛江机场是我到过的第一个军转民机场。2004 年，我到湛江汇报项目。因为经历过近 7 小时的长途汽车之旅，实在忍无可忍，后来基本都是搭乘飞机往返，但也是第一次遭遇小飞机的颠簸与惊心动魄。

北京的南苑机场是由军用机场改建。2003年，我因为项目关系，飞酒泉卫星发射基地，从这里起飞。南苑机场的安检是最严格的，第一次遭遇从头到脚，从脱外套到脱鞋的安检。在机场里遇到若干军人，肃然起敬，在西北如此艰难的工作条件下，军人确实是当下维护国家安全，实施战略防护的最重要力量。

九寨的黄龙机场是我经历过的最惊魂的机场。2016 年春节前，从成都转机到九寨沟，一路上领略壮丽的岷山群峰的云海仙姿，结果降落的时候明明已经看到群山间的跑道了，飞机忽然又昂头远离。

原来是遭遇风切变，降落条件不允许，只好返航成都。在成都机场过了一晚上，第二天才顺利抵达。

2013年，我到香格里拉洽谈项目，第一次抵达迪庆香格里拉机场这个高海拔机场。夜里到达，没有留意到高原反应的问题，入睡前开始头疼，睡不着。第二天到普达措国家公园参观，风景优美得很，但是气喘如牛，是典型的高原反应。后来返程前往机场，一路上看到藏区特有的五彩经幡和风马旗，以及独特的藏区民居，高原特有的风景渐渐冲淡了对高原反应的恐惧，让人念念不忘。

书店记

独山的新华书店

老家独山县的新华书店位于小十字街口，独山县民族中学斜对面，是我初中放学必经之地，书店旁边就是电影院。县城属于十五分钟步行时间可达的尺度，看书和看电影一直有关联，所以书店似乎一直是习惯性的存在。记忆中的独山县新华书店和很多县城的新华书店格局差不多，平时去买一些文学类书籍，开学时去买工具书或新华字典，过年去买各种宣传画，当年能在新华书店买到《宋词格律》《语文学刊》，以及好友送我的齐白石书画的书签。我表姐很喜欢收藏连环画，家中早已集齐四大名著、《聊斋》《说岳》等。很早的时候，新华书店旁边还有一些图书地摊，一两分钱看一本书，所以我对购买连环画兴趣不大。大约 1985 年之后，新华书店对面有家私营的录像厅，还记得播放香港电影《蝶变》时，我抑制着兴奋之情探头围观。之后的电影院渐渐凋零，新华书店门口也开始摆卖武侠小说及各种期刊。后来，我经常到大十字半坡老金头家租书看，在假期办了月卡，曾经好几天有一天换两本的记录，惹得老金头很不爽，鼻头似乎都气得发红。

都匀一中旁的书店

1986—1989 年在都匀一中求学的日子里，我在都匀新华书店买过不少教辅书。都匀一中位于东山下，通往学校大门的石板街拐角处，就是都匀的新华书店。天知道我当时哪来的资讯买了这么多的参考书。高考结束后，我把教辅书统统打包当废品，真是印证了过河拆桥、考完烧书包的行为艺术。都匀一中旁还有几家租书点，我放假无聊的时候将琼瑶、亦舒、卫斯理的小说租来消遣，租书店似乎伴随着自营的录像厅一起兴衰，印象特别深的是某天录像厅传出《雁儿在林梢》的插曲，而我手头刚好租了一本，冬夜里的空气似乎都在传播着愉悦。

南京的先锋书店

在南京读书的岁月里，我在学校感到百无聊赖之际，经常逃课到夫子庙闲逛。骑车经过太平南路，对路上的古籍书店和先锋书店印象深刻。古籍书店去过一两次，气息古旧，让人敬而远之。相对于南京的新华书店，1989—1993 年间的先锋书店还没有成为南京的文化地标，但是里面的书籍比较有个性，文艺气息很浓郁，逛起来莫名有种愉悦与温馨。后来先锋书店慢慢出名，我心甚慰。1999年，我重游南京，有一次逛先锋书店，购买了“诗人系列文丛”中翟永明的《纸上建筑》、西川的《让蒙面人说话》，常读常新。

珠海的三联书店及“五月花”沙龙

工作以后在珠海，某次因机缘巧合，我参加了由《珠海特区报》编辑桑子组织的“五月花”文化沙龙，结识了一群喜欢聚集在珠海三联书店的小伙伴，过了一段随性的日子。那时候特别喜欢在阳光正好的日子，到水湾头旁的三联书店买书，不少家中典藏的书籍和期刊，都是那时候买的，包括《美国国家公园》《东方文化周刊》《老照片》《读书》，以及黄仁宇的“大历史”系列，林达的“美国”系列等。

北京的三联书店

大约是受了清华校歌那句“器识为先，文艺其从”的影响，我大学期间器识有余，文艺不足。在珠海的日子文艺有余，器识似乎又不足了。于是，我于 1996 年申请到中央工艺美术学院（现清华大学美术学院）进修，学习之余，常到东四的中国美术馆参观画展，然后到三联书店逛，最后在旁边的面馆吃面。北京的三联书店气象端严，个人觉得最能体现北京文化中心的气度，尤其一想到这些书籍的作者没准就在北京哪个角落过着细水长流的日子，就不由自主感到亲近。其时，中央工艺美院环境艺术系教授郑曙旸担任《室内设计资料集》主编，名声如雷贯耳，我得以在课堂亲自聆听他的教诲，从书本到真人，满足了我对一个饱学之士的学识想象。

以后每次到北京，如果有时间，都要到三联逛一下，购书是其次，主要是感受那种北京独有的文化气息。满坑满谷的书籍，堆叠的是若干古今中外的智者的心血、知识的结晶，弥漫的是一种人类独有的性灵气息。

台湾、香港、深圳的诚品

2009 年到台湾之前，我就知道诚品书店的品牌。在台湾旅游的日子里，岛上的文艺气息浓郁，与诚品书店散发出的人文、艺术、创意的特质相得益彰。我尤其喜欢风潮出品的关于自然、原住民、民族音乐的系列书籍，那种缘自骨子里的优美、优雅、知性，飘荡在灵魂深处。在诚品书店的风潮专柜流连忘返，出门来已经是黄昏，街灯闪烁，微雨迷蒙，这个美丽的、孤悬的岛屿，文质彬彬、小心翼翼、深情款款……

香港的购物场所，温暖、喧闹、明亮，一进入就很容易被感染，出来之后又快速遗忘。如果没有特别的购物目标，在熙熙攘攘的购物场所里很容易迷失。2012 年，诚品书店入驻铜锣湾希慎大厦，这才给了我一个逛商场的理由，多半是完成购物计划之后，到诚品书店上方用餐，之后在书店里慢慢消磨慵懒的时光。

2018 年 12 月，深圳的诚品生活 MALL 终于开张。我乘兴前往，体验了购物、购书、餐饮的美好时光，幸福指数飙升。正如策划案里提及的“我的幸福视角”，个人觉得，诚品之于深圳，是正确的双向选择，而深圳有了诚品，冬日里分外温暖。

结语：天地间的定位

2017 年，我因一场偶然的同学会回顾故乡贵州，回想高中生活，感慨光阴似箭，日月如梭，在时间面前，我们渺小若尘埃。但我所从事的工作，很大程度与地理相关，和坐标相关，和定位相关，且一直乐在其中。明朝张潮在《幽梦影》里写道：“文章是案头之山水，山水是地上之文章。”以文学修辞定义各种自然和人文环境，得以传唱至今的，多半是比较贴切的定位，例如骏马秋风塞北，杏花烟雨江南。我虽修辞不足，但也尝试形容我所到过的、经过的风景和故事。

地与天

地理是空间的学问，是生态学的物质基础。地球与太阳等星际运动导致时间的变换，形成不同的空间态势，以及山川、河流、湖泊等人类赖以生存的环境。多年来对地理的研究衍生出丰富的地理学知识，大到宇宙太空的空间定位，小到个人的生活，都与地理息息相关。从以前的风水学到今天高科技的地理信息系统，从以前的星盘到今天的卫星定位，从风水先生们指点建宅造园，堪舆选城，到今天的规划师构建生态安全格局，都是希望能在地球上保障人们顺应环境，享受纯净的阳光、清洁的空气和水系。从宏观而言，景观学应在大的地理范围营造生生不息的循环系统，避免单向消耗物质能量而不与其他系统共生，并以此为基础呈现各种美与闲适。这种事业见微知著，任重道远，目前仍然是小众专业。

珠江水系和长江水系在云贵高原分流，一个向东南，一个向东，最终都各自奔向大海。我因求学的关系，一路乘坐火车先南下过广西，再绕行至湖南、江西、浙江，后从上海转车到古都南京。之后因工作先在珠海居留 8 年，现又旅居深圳十余年，算是先后逐长江、珠江而居。十余年间因为项目关系游游走走，也算是阅过大半个中国。

贵州属于亚热带湿润季风气候，夏季清凉，冬季可看冻雨形成的冰凌，晴天稀少。南京属于亚热带季风气候，四季更分明，春花秋叶灿若云霞，冬雪盈盈天地一色。深圳的气候类型是这么定义的：属亚热带向热带过渡型海洋性气候,时时遭遇之前在气象预报中不知所云的台风、热带气旋，高温高湿。如果没有亲身体验，是很难对书本的字面意思有真切的感知的。

人与神

云贵高原冷凉气候下衍生出相对内向淡静的性格，却是上善若水的哲学能量蕴藉之处。王阳明在贵州龙场悟道，成为一代哲学宗师，除人的资质禀赋特异之外，相信贵州冷静的气息也适合他闭门思考。我少年时也在故乡体会到星空下思辨之乐，现在回顾，夜晚仍然嗅到那种清新出尘的气息，总会不由自主想到康德所说“在这个世界上，有两样东西值得我们仰望终生，一是我们头顶上璀璨的星空，二是人们心中高尚的道德”。

我一路辗转到江南求学，温和明媚的空间特质如此敏锐地触及内心对诗意的感知，当然也郁积了许多青春期的迷惘。后来一路南下珠海，在海风劲吹的南海之滨，山海间柔美的线条起伏，与一群理想主义的朋友一起让青春释放，珠海成为乌托邦的记忆之城。现在偶尔回珠海，仍然感受到那种透明薄脆的特质，呼吸间似乎每个细胞都筋骨舒展、噼啪作响。

目前在深圳居住，这里与珠海仅隔着一条江，却气质迥异，持续影响 20 世纪以来百年中国的外向经济运程，是海洋文明的先行先试之地。深圳这个城市，快速、骚动，处处充满能量，从建筑到人，随时能看到在空间里无限拔高的欲望。回顾我从西到东求学、从南到北工作的一些见识，简要以八个字概括之：西生东文，北政南经。

西部生态资源多样，东部人文气息浓厚，南方生猛有经济活力，北方端严适合讲政治——真心感激这个时代。

前段时间，陆续遇到周围有同龄人开始礼佛，有些人天生有慧根，近佛可以开智，有些人需要佛的教义来平息自己的内心，安抚骚动的灵魂。我一直认为宗教也罢，哲学也罢，都是为解决所谓的三个终极问题而生的，“我是谁”“我从哪儿来”“我到哪儿去”。在中国，儒家哲学观源自自然地理的思想，积极入世引领世人“天人合一”；方法论上，王阳明提倡的知行合一、内圣外王很具有代表性。美学上，中国多变的自然地理，孕育广博的山水美学，派生出各类山水诗、山水画和山水园林。到浙江温州，神奇地发现温州永嘉的山水，与贵州的山水似乎有种亲缘关系，但浙南山水更有灵气，更有温润而勃发的气质。谢灵运被尊为山水诗的鼻祖，他任永嘉太守期间，写了大量山水诗，我阅之欣喜不已。中国是诗的国度，我们对自然的感知，对生命的礼赞，多半从那些意境深远，韵律优美的诗词中获得。甚至有人说中国存在“诗教”，这就见仁见智了。孔子说“诗三百，思无邪”，读诗是心灵获得滋养的途径之一。这点我是认同老夫子的。

定位深圳

深圳的山水比起贵州，多样性和景观性就逊色很多，即使是最终被定义为国家级风景名胜区的梧桐山，也显山势峻拔不足，山色浓滞有余。但登高望海天一色、万家灯火、云气万千、光影旖旎的气象，让人精神为之一振。2015 年参加深圳市政府办公厅的深圳智库筹备讨论会时，主持人说过可以鼓励形成深圳学派，我当时从生态文明建设的角度说了几句。这个城市始终有种野蛮生长的气息，让有欲望的人得以蓬勃生长，让身心疲惫的人渐渐跟不上脚步，自己选择脱离。

目前我们家作为万千深圳家庭中的一员，享受这个城市的各种便利和福利，真心感谢时代赋予我们的机遇。在这个太平时代，我们敬天地，敬君师，爱亲友，做着大多数凡夫俗子的普通行为，有种踏实而平静的幸福。在深圳，天地之间有生态福利，精神上给自己找点信仰，或者尽职工作，或者努力创业，这派那派的，真不是很重要。

杨绛译蓝德的诗句说“我和谁都不争，和谁争我都不屑；我爱大自然，其次就是艺术；我双手烤着生命之火取暖；火萎了，我也准备走了”，深得我心。

杨先生比较高冷，而我愿意在山水风景定位研究里，秉承美、智、趣等品性，与有缘人共同点燃生命之火。或许能偶尔让另外的有缘人围着取暖，也是功德一件。

庄荣

2021 年小暑于深圳